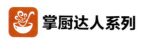 掌厨达人系列

一次就上手的 铸铁锅料理

陈珮甄（Emma）◎ 编

新疆人民出版总社
新疆人民卫生出版社

图书在版编目（CIP）数据

一次就上手的铸铁锅料理 / 陈珮甄编 . -- 乌鲁木齐：新疆人民卫生出版社，2016.12

（掌厨达人系列）

ISBN 978-7-5372-6842-4

Ⅰ . ①一⋯ Ⅱ . ①陈⋯ Ⅲ . ①菜谱 Ⅳ . ① TS972.12

中国版本图书馆 CIP 数据核字（2017）第 014974 号

一次就上手的铸铁锅料理

YICI JIU SHANGSHOU DE ZHUTIEGUO LIAOLI

出版发行	新疆人民出版总社 新疆人民卫生出版社
责任编辑	张　鸥
策划编辑	深圳市金版文化发展股份有限公司
摄影摄像	深圳市金版文化发展股份有限公司
封面设计	深圳市金版文化发展股份有限公司
地　　址	新疆乌鲁木齐市龙泉街 196 号
电　　话	0991-2824446
邮　　编	830004
网　　址	http://www.xjpsp.com
印　　刷	深圳市雅佳图印刷有限公司
经　　销	全国新华书店
开　　本	185 毫米 ×260 毫米　　16 开
印　　张	10
字　　数	200 千字
版　　次	2017 年 2 月第 1 版
印　　次	2017 年 2 月第 1 次印刷
定　　价	39.80 元

【版权所有，请勿翻印、转载】

作者序

享受美味生活

记得小时候最开心的时光，就是一家人一起吃饭。爸爸、妈妈、弟弟……都烧得一手好菜。我跟哥哥就是最有口福的人，只需要负责吃就够了。也因为这样，我养成了一张挑剔的嘴。"吃货"的称号就这样诞生了。

长大后，开始追寻梦想。身兼品酒师、主持人、模特儿多重身份的我，出国工作成了家常便饭，也因此有机会去了解不同国家的历史背景，体验不同的文化。透过写专栏、部落格的方式，将全球最美的旅游景点里让人难以忘怀的美食、美酒与家人、朋友分享。

妈妈常说："对于美食，我女儿说起来头头是道，做就不太会做。"是啊，无论是在幕后，还是在人前，我都能将一道道美味的料理解说得深入透彻，但是实际上我是个连锅铲都很少接触的人。我经常拿所谓的天分来安慰和说服自己。确实，很多事情是需要天分的，但是料理……也是吗？

我记得动画电影《料理鼠王》中的大厨 Gusteau（古斯特）说过，"Anyone can cook. But only the fearless can be great"，即任何人都可以烹饪，但是只有勇者才会成功。

虽然基础不够扎实，但是我有勇气来到掌厨的厨房去尝试下厨做菜。因为，我想成为掌厨达人。从说得一口好菜到拥有人生第一只属于自己的铸铁锅，再到做出一手好菜，没想到我的料理人生就这样开启了。于是就有了这么一本《一次就上手的铸铁锅料理》。我没有理由不推荐给大家。

编者序

有这样一种锅具，它单是放在那里，就能吸引你全部的注意力。

毫不夸张地说，选好一口铸铁锅，想不会做菜都难。一度以为自己最好的厨艺水平就是泡面，在偶然接触到铸铁锅之后，厨艺的大门突然向我敞开。没有什么比自己经历忐忑等待之后，揭开锅盖的那一刻，感到醇香扑鼻，更令人快乐和惊喜。

对于很多会做饭而且厨艺精湛的人来说，拥有一件称心的工具可谓如虎添翼。用过铸铁锅之后，很多朋友都会惊讶于用铸铁锅烹饪出来的食材的味道跟之前用普通锅具烹饪出来的食材的味道，有很大的不同。同时它也能让你有更多的想象空间，调试出更加丰富的味道。

对于很多并不精通厨艺，但是又心痒难耐、跃跃欲试的人来说，只要不是味觉失灵，一口好的铸铁锅都不会让你失手。

同样，对于有艺术和审美追求的人来说，铸铁锅简直就是为你量身定制的烹饪神器。华丽的外观，厚重的锅体，扑面而来的"贵重"奢华美感……想象一下，周末三五好友相聚，这时候你端出一锅香气扑鼻的炖肉，它给朋友们带来的是怎样的震撼？

在繁忙的工作之余，或者窗外雪花飞舞的冬夜，一口暖暖的铸铁锅，都会让人莫名感恩，感恩食物赐予我们的快乐和温馨。

Contents 目录

Part 1 铸铁锅介绍

01 初见铸铁锅　　　　　　002
02 开锅、养锅超简单　　　005
03 突发状况莫惊慌　　　　007
04 铸铁锅的烹调小工具　　008
05 铸铁锅分类　　　　　　011
06 Emma 的贴心小提示　　 016
07 比萨面团的制作　　　　018

Part 2 记忆中的家常料理

01 香煎鸡翅　　　　　　　022
02 三杯鸡翅　　　　　　　024
03 千层卷心菜　　　　　　026
04 避风塘味炒大虾　　　　028
05 脆皮煎鱼　　　　　　　030
06 锅塌豆腐　　　　　　　032
07 姜汁烧肉　　　　　　　034
08 白酒百里香煎鸡腿　　　036
09 可乐排骨　　　　　　　038
10 快速菠萝红烧肉　　　　040
11 清炖羊肉　　　　　　　042
12 凉薯紫苏鸭　　　　　　044
13 烩牛腩　　　　　　　　046

Part 3 无水料理

01 无水焖大肉排　　　　050
02 无水姜葱焗鲳鱼　　　052
03 桑拿鸡翅　　　　　　054
04 蛤蜊丝瓜　　　　　　056
05 无水咖喱西红柿牛肉锅　058
06 盐焗虾　　　　　　　060
07 无水牛肉寿喜烧　　　062
08 豆腐蒸鱼　　　　　　064

Part 4 主食系列

01 三文鱼拌饭　　　　　068
02 港式腊味饭　　　　　070
03 鸡肉牛蒡糯米饭　　　072
04 韩式泡菜炒饭　　　　074
05 海南鸡饭　　　　　　076
06 排骨蒸饭　　　　　　078
07 白酒蛤蜊意大利面　　080
08 奶酪通心粉　　　　　082

Contents 目录

09 西红柿培根意大利面	084
10 奶油鸡肉通心粉	086
11 什锦蔬菜肉酱	088
12 台式罗勒炒乌冬面	090
13 海陆味增土手锅	092
14 韩国部队锅	094

Part 5 点心系列

01 布丁面包	098
02 香脆爆米花	100
03 香甜苹果派	102
04 爱尔兰奶茶	104
05 巧克力舒芙蕾	106
06 糖渍蜜桃	108
07 蛋烤长棍面包	110
08 荷兰松饼	112
09 法式洛林咸派	114
10 蘑菇干酪帕尼尼	116
11 小松菜培根鸡蛋面包	118

Part 6 旅行中的美食

01 肉桂卷	122	07 锅烤蒜香黄油鸡	134
02 吉拿多	124	08 米其林三星牛排	136
03 红酒炖牛肉	126	09 奶油蘑菇浓汤	138
04 南瓜浓汤	128	10 脆皮烤鸡	140
05 普罗旺斯炖菜	130	11 生火腿芝麻比萨	142
06 豌豆浓汤	132	12 玛格丽特比萨	144

Part 1
铸铁锅介绍

和一般的锅具比较，铸铁锅具有传热慢、传热均匀、保温效果好等特点。当火的温度超过200℃时，铸铁锅会通过散发一定的热能，将传递给食物的温度控制在230℃左右。所以，用铸铁锅做料理可以更好地控制温度，在保证食材熟透的前提下，尽可能减少营养成分的流失。即便是用很少量的水，也能做出美味的料理。

01 初见铸铁锅

很多人第一次接触铸铁锅的时候,先是被它美丽的外表和多变的造型吸引,然后是惊讶于它的价格,最后想拿起来看看,结果,震撼于它的重量。

是的,一口优良的铸铁锅,它是锅具界的"体重担当",是一只低调奢华的"胖子"。

铸铁锅在制作的过程中,采用铸铁熔化,用模型一体浇筑而成,其中铸铁多指含碳量在2%以上的铁碳合金,坚固抗造、导热均匀还耐腐蚀,包含多种重金属,所以显得尤为笨重。很多专业厨师都认为铸铁锅是一种能均匀烹饪和精确控制温度的厨具。

对于能精准控制温度的厨具,那是怎样的惊艳啊!而铸铁锅就轻松地做到了众多锅具所不能拥有的"神技能"。

珐琅铸铁锅和无珐琅铸铁锅

铸铁锅的种类有很多，但是最简单易懂的分类法就是看外观啦！那些有着艳丽的颜色、诱人光泽的就是带珐琅的，那些看起来暗暗的、黑乎乎的就是不带珐琅的。其中带珐琅的铸铁锅除了外观美丽之外，它还有一个非常省心的优点：由于锅体表面镀上了一层珐琅，隔绝了锅体直接和外界空气接触，如果珐琅层不被破坏，就不用担心锅子出现生锈的问题。此外，它也不必费心保养，平时锅子用完的时候，注意将它擦干净就行了。并且买回来后简单地开锅，就可以愉快地使用了。不带珐琅的铸铁锅就稍微麻烦一些：开锅后，锅体直接暴露在空气中，由于它的表面没有专门的防护层，如果不注意保养，它很容易和空气中的氧气、水分接触而生锈。所以，对于这一类的锅子，除了平时要注意擦洗干净之外，存放的时候还要擦上一层油来防止其表面氧化，最好是放在干燥通风的地方，避免接触潮湿的环境。

当然，两种锅子优劣共存，带珐琅的虽然美丽方便，但是却是个傲娇的"小公主"，轻易磕碰不得。有的人大大咧咧，将锅子扔来扔去，或者在炒菜的时候恨不得将锅子戳出来一个洞；还有的人过分相信锅子的质量，将锅子从冰箱拿出来就马上开大火将其烧热，或者锅子还是热的就将其放入了冷库，这些不好的习惯都会使得锅子表面脆弱的珐琅层受到破坏。

锅夹不要丢掉

很多带盖子的珐琅铸铁锅都会附带几个垫在锅盖以及锅子之间的小夹子，有些人开封的时候没有意识到这些夹子的作用，就粗心地丢掉了。这里说一句，千万不要丢掉这些貌不起眼的"小玩意儿"。

珐琅锅的内外均有厚厚的珐琅，但是锅口处只有薄薄的一层珐琅，时间久了就会随着锅沿的磕碰而出现磨损（其过程参考家里用的搪瓷杯/碗）。

锅夹的作用就是减少锅盖和锅沿的碰撞，另外也可以保持锅子内外通风透气，避免置放过久而产生异味。

放进烤箱前要三"视"

铸铁锅与众不同的又一大特点就是它非常耐高温。它可以直接放进烤箱里，并且还能使锅内的食材受热均匀，不流失任何营养成分。但是很多人在将铸铁锅放入烤箱时，往往会忽略一件东西——锅盖头。

铸铁锅有两种锅盖头，一种是黑色电木头，这种锅盖头最高耐热温度为180℃，若是烤箱温度超过180℃，就要考虑换成银色的金属头。家里最好准备两个锅盖头，以便于随时替换。

02 开锅、养锅超简单

铸铁锅在买回来之后,最重要的一件事情就是开锅啦!当然具体怎么开锅,不同的人有不同的习惯,大家也没必要跟风。

这里介绍一个简单的开锅方法,大家可以参考一下。新锅买回来之后,先清洗干净(洗锅的方法后面会说到),再准备几块带皮的肥猪肉。再将锅放在火上烧干,开小火,放入带皮的肥猪肉,用肥猪肉不停地擦锅。锅内的每一处地方都要擦到,直到猪肉变焦黄,将其拿出来即可。然后把油倒掉,用热水迅速冲洗一遍锅。重复前面的动作三四遍。最后把锅洗干净,放在火上彻底烧干,滴两滴植物油,用厨房纸擦干净即可。

这样,开锅就完成了。用久了的、变涩的铸铁锅都可以用这种方法来保养。好好爱惜的话,一口铸铁锅可以用二十年甚至更久。

最后啰唆一句:大家为了自己心仪的锅具,平时稍微麻烦一点儿也是值得的啦!

避免空锅干烧

长时间空锅干烧(简称空烧)会损坏锅体,所以在使用珐琅铸铁锅时不建议空烧,最好是采用烹调前先下油,由小火开始逐渐加热的烹调法。

洗锅要温和,以免刮伤

洗珐琅锅时要注意以柔软的棉布、厨房专用海绵或较柔软的刷子等洗涤,应要避免使用过硬的钢丝球或抹布等来洗锅,以免刮伤珐琅。此外,珐琅锅可以用洗碗精来清洗,但最好不要用洗碗机来洗珐琅锅。因为,洗碗机冲水力道大,长久使用会造成珐琅表面光泽消失。

清洁到位，放凉再洗

珐琅铸铁锅用完后都要彻底清洗，但是要注意把锅放凉后再洗，因为烧热的锅具马上以冷水冲洗，温差过大可能会导致珐琅崩裂。对此，我向各位支个招，可以在清洗的时候先将使用过后的锅具泡水，待全部碗洗完后再洗锅。如此，铸铁锅会变得非常容易清洗。

保持干燥

珐琅铸铁锅的日常保养需要注意保持干燥，千万不可以在锅内留水，只要珐琅铸铁锅上留有一滴水，它就有可能产生锈迹。所以洗后可擦干或自然风干，不建议用炉火烘干，以免忘记关火发生事故。在存放之前，可以在锅内刷一层薄薄的油作为保护层，再将其保存。

不可以放微波炉

珐琅铸铁锅可以用炉火、直火（例如炭火）、IH炉、烤箱、水波炉（仅可用于蒸及烤的功能，不可使用微波炉功能）、蒸炉、电锅等加热，甚至也可进冰箱。但是，千万不可以用微波炉加热！金属器材进微波炉非常危险，请切记切记！

染色或有旧渍怎么办

珐琅铸铁锅用久或者是烹调容易染色的料理（如红豆汤及姜黄粉），会出现染色或产生渍的情况。只需要烧小苏打水来进行清涤直至清除即可。或者，切开2～3个柠檬，以柠檬切面涂抹染色处，再注入适量的水和柠檬一起煮开，然后转小火盖上锅盖，慢炖30分钟或浸泡至隔夜，亦可清涤染色。

03 突发状况莫惊慌

在使用铸铁锅的时候，新手大概会遇到很多的突发状况，什么锅底烧焦了啊，烤盘烤焦了啊，还有锅内有磨损之类的……这个时候，不要惊慌，了解一些常见的突发状况之后，你就能放心大胆地使用铸铁锅了。

应对烧焦小妙招

炉火太大把锅烧焦了？忘记开火了？看到锅子变黑且烧焦时，莫惊慌，千万不要用力硬刷或尝试剥除。只要在锅内倒满水并放入小苏打粉，烧滚后，浸泡2个小时或以上，烧焦部分就会自然脱落。若烧焦的部分还有残留，可以多次重复小苏打水程序，直至全部洗净。

锅底磨损或有烧焦的渍

珐琅铸铁锅使用时在瓦斯炉架上，难免因拖拉移动产生刮痕，若想避免刮痕，可使用IH（电磁感应加热）电磁炉烹煮，在火炉上避免拖动锅具，或直接在瓦斯炉架上加盖节能板。

锅外烧焦的渍，在渍上喷水并铺上小苏打粉后，用沾湿的厨房纸巾铺上放隔夜，即可清除，或者用厨房专用海绵亦可有效洗除。

生锈了也不要慌

若因碰撞或锅沿因长期锅盖碰撞产生磨损，造成锅内珐琅脱落甚至锅沿表层的铁直接暴露在外而生锈，不要慌。只要每次使用完，清洗后将锅内彻底擦干，在铁的部分抹油防止生锈即可，不需丢锅。唯要记得生锈的锅具，要尽量保持干燥及避免放置潮湿处，以免再度生锈。

烤盘一定会烧焦

烤盘就是透过高温把食材烧到焦香，所以锅上一定会粘有焦物。洗锅时不要感到头痛，建议每次用完烤盘后，先用水把锅中的油污冲干净，再用烧开的小苏打粉水长时间浸泡即可清除，若还是有焦渍附着，可以用美白牙膏配合软刷有效清除。

04 铸铁锅的烹调小工具

厨房里，除了占据主要地位的锅具之外，还有大量的辅助选手——烹调工具。在大厨家的厨房里，桌上、墙壁上都会挂满玲琅满目的厨具，单是菜刀就有半面墙，更不用说让人眼花缭乱的各式勺子、筷子等等。我们虽然做不到像大厨那样精细和考究，但是一套趁手的厨具还是必需的，它会让人省心不少。

铲子

现在市面上大多是金属材质的铲子，但是对于铸铁锅来说，最好少用或者不用金属质地的厨具。因为珐琅很脆，受不得利器剐蹭，所以，最好使用木质或者硅胶的厨具。

夹子

考虑到铸铁锅材质厚重，不能像传统锅具那样用单手颠起，用铲子翻面又不太灵活，那么对于那些需要翻面的食材，一把夹子就派上了用场。

当然，夹子也和铲子一样，以木质和硅胶的材质为佳。

油刷

在做烤肉或者需要煎煮的时候，一把油刷必不可少。使用油刷可以均匀地将油涂抹到锅面上，能够减少用油量。在锅加热的过程中，刷上一层薄油，煎东西也会更容易。

锅耳隔热垫和隔热手套

由于铸铁锅是一体成型的，那么在加热的时候，锅耳就会非常烫，所以不论是在烹饪的过程中移动锅具，还是烹饪完成后端上餐桌，都需要用到锅耳隔热垫和隔热手套。

若是锅具要放入烤箱，则需要一双隔热手套，方便伸手将烤箱中的锅具取出。所以，为了大家的安全，隔热手套和隔热垫都是必备的。在选择隔热器材的时候，要注意看一下最高耐受温度，选择最高、最厚的就好啦。

刮刀

刮刀的作用一目了然，用铸铁锅做菜时，少不得要用它将黏乎乎的食材从锅体上刮下来。将容易粘连的食材混合均匀也同样需要它来帮忙。相较于锅铲的宽大和笨拙，刮刀显得小巧灵活，主要体现在能很轻松地将侧边锅体上的食物刮下来，避免其温度过高或者混合不均匀。而且在清洗铸铁锅时，对于一些容易粘锅的食材，刮刀更是游刃有余。

对所有的锅具而言，刮刀既要有刀的分离作用又不能损伤锅体，特别是有些镀了珐琅的锅体，更是不能用金属工具。所以，厨房用刮刀一般选择硅胶或者木制品，既能在锅中切割食材，方便烹饪，又能避免损伤锅体，延长铸铁锅的使用寿命。

量杯

烹饪最重要的环节除了对调料的把控之外，就是对水的使用。铸铁锅是可以做无水料理的锅具，基本不会造成因为水放少了就发生焦煳的情况，这个得益于它的受热原理，因为是整个锅体均匀受热，所以不会出现一边温度高一边温度低的情况，能最大限度地保存食材本身所带的水分，避免营养流失。

在进行烹饪的过程中，不同的食材对水分的要求不尽相同，例如对于质硬不易熟透的食材，为了保持长时间高温炖煮，用水量自然会增加，但是超过某个量之后，食材又会因为汤汁过多而失去鲜美，所以，使用铸铁锅进行烹饪的时候，要注意加水的量，使用量杯能把控好食材的用水量，达到最好的烹饪效果。

05 铸铁锅分类

铸铁锅不局限于传统的锅型，根据其用途的不同，铸铁锅被打造成多种形状，它有方形的、圆形的、南瓜形的，有深口的、浅口的，有炖煮的、煎炸的、煎烤的等等。

不管是什么形状的铸铁锅，都是能做出美味料理的能工巧匠。

圆盖圆形焖炖锅

圆形是用料相同的前提下，面积最大的形状。这口圆盖圆形的锅具，使得中间容积大，可以放进去很多东西，用来做乱煮乱炖最适合不过。还有密封性十足的锅盖，使得食材在均匀受热的时候，水分和营养流失降到最低。所以，这个时候，对于粗心一些的朋友们，将食材放入锅中，加入很少量的水，盖上盖子之后你就可以出门了。完全不需要像传统锅具那样还需要守在旁边，防止烧干。煮好后你会发现，你之前放进去多少水，煮熟之后，水平面依旧没多大的变化。

圆形铸铁焗炖锅

对于一些需要炖煮，但是又不需要加很多水的食材，这口锅是非常适合的。喜欢吃海鲜的吃货们，选上最新鲜的蛤蜊，再挑几条丝瓜，就能来个大餐。

铸铁煎烤锅

铸铁锅很多都是煎烤一体的。想想看，一个煎牛排的锅子还能同时烤面包，是不是很划算？它还有巨大的储能特点，能保持恒温煎烤食材，不用担心会因手法生疏导致煎焦或者半生不熟的窘况，而且在烤面包或者比萨的时候，只需要在底部轻轻地刷一层油，就可以保证烤出美味的西点。

方形铸铁牛扒盘

闲暇时间，约上三五好友来家中小聚，作为主人的你，此时就是展示拿手好菜的时候。一个带坑的方形牛扒锅，哪怕你从未下过厨，也能让你在客人面前大放异彩。可以在食物上刷上一层薄油，让高温下油脂爆起的香味迅速勾起你的食欲。况且铸铁锅美丽的外表，大可不必将美食生产地局限于厨房，可以大大方方搬出来，在客人面前展示你的厨艺和诚心。

南瓜形铸铁焖炖锅

第一次见到这口锅的时候，就被它可爱的外表所吸引，没想到在厨房油烟之地深居简出的锅具居然还能如此让人惊艳。我们不仅可以有传统形状的锅具，还可以有更多丰富美丽形状的锅具。铸铁锅一向是不走寻常路，既然功能这么强大，外表可爱一点岂不更好。

虽然是南瓜形，但是可不局限于只做南瓜或者瓜类的食材。它的外形和体积，使得它更适合汤水类的料理，闲暇时间煲个汤，煮个糖水，都是美的享受。

圆形铸铁焖炖锅

这款锅具比前面的圆盖焖炖锅的口径要深一点,这样他就更适合做需要膨化的食物,例如爆米花。你只需要在底部刷上一薄层油,再放入准备好的玉米,过不了多久,就可以收获一锅香气四溢的爆米花了。

想一想电影院那些高价的爆米花,有什么理由不自己做呢?

带盖煎焗锅

米饭主食吃厌了,有时候就想换个口味换个心情。一包意面,几个蔬菜,一口小锅,就能满足你的愿望。这种带盖的煎焗锅,由于广口浅盘,很适合做意面这一类不需要多少水分但是又有酱汁,又容易粘在一起的食物。

煮上一锅意面,准备两杯红酒,和爱人一起来个浪漫的烛光晚餐,这才是生活啊!

长方形铸铁烤鱼盘

喜欢吃鱼的吃货们,烤鱼是不可错过的美味,香气四溢,肉质外焦里嫩,简直能引得人口水直流。烤鱼最怕的不是烤过头或者烤不熟,而是粘锅,这大概是所有做鱼类食材的通病。只要粘锅,好好的一条鱼就被烤得毫无美感可言,最后只好加上水来个乱炖。这口专为烤鱼设计的铸铁锅则不同,根本不需要担心粘锅的问题,只需要加一点点油,在烤的过程中甚至都可以不用加水,也能做出美味的烤鱼。

椭圆形迷你炖锅

相较于前面那些大块头，这个小型锅确实是显得娇小可爱。对于一些小剂量和小体积的食物，用大锅难免浪费，而小锅就刚刚好。做完就可以直接端上桌，既能当锅使用，还能当盘子、碗等餐具使用。它持久的保温功能，能使面包和蛋糕之类的食物能长时间地保持热度，避免遇冷变形和口味的改变。

正方形带压肉器铸铁迷你煎锅

为了将肉中的油脂挤出去，在烹饪的过程中，都会选择用锅铲压一压正在煎的肉块。但是有的时候情况并不尽如人意，一是手上力道不够，二是会用力过猛，导致肉块整个粘在锅上。但是不挤出油脂的话，整块肉看起来又油乎乎的没有食欲，所以，这个有压肉器的锅具，很好地解决了大家的烦恼，一边能轻松地煎肉，一边还能保护自己不被油烫到，可谓一举两得。

单柄带盖铸铁奶锅

如果你是一个注重养生的人，那么家里就一定要准备一口奶锅，方便每天早上给自己一杯温热的牛奶，给自己满满一天的活力。

除了热牛奶之外，还可以自制奶茶或者其他饮品，真正的吃货朋友更希望自己开创出不同寻常的味道，喜欢为了一种令人感动的味道而不断地尝试和搜寻，就为这个，也该配备一款专用锅具。

煎锅

煎锅相较于炒锅来说，就是锅沿浅一些，耐高温的能力强一点，适合做一些耐高温的食材，例如煎鸡腿和比萨。既能保证最里面的食材熟透，也能保证最外边的食材不被煎焦，还能入味和爆香。所以，对于家庭主妇来说，有一口称心的煎锅，可以轻松拿下很多大菜。

长柄带盖炒锅

有人喜欢做饭的时候拿着长柄，表示自己面前的这口锅在自己的控制之下，或者像电视上那些大厨一样掂掂勺，看起来很酷炫。铸铁锅很重，不易拿起，也不适合掂勺。炒锅是烹饪的主要锅具，任务重，耐性好，如果用餐的人多一点，炒锅的利用率就会直线上升，这样有一个长柄勺会显得方便很多，帮助盛盘子什么的简直太方便了。

06 Emma 的贴心小提示

阅读本书的读者朋友们,相信大家在使用铸铁锅做料理的时候,会有很多的疑惑,这里 Emma 给大家提出几点注意事项,希望大家能做出好吃的料理。

本书使用的单位换算表

1 千克 =1000 克,1 大匙 =15 毫升,1/2 大匙 =7.5 毫升,1 小匙 =5 毫升,1/2 小匙 =2.5 毫升。

粉类要过筛

所有的粉类在使用前都需要过筛,可以让材料混合得更均匀,同时可避免出现结块,让需要用到粉类的料理成品吃起来口感更细腻、顺滑。

关于烤箱

需要用到烤箱的料理，在料理前都要先确认烤箱的温度。最好一边预热，一边准备其他材料。一般烤箱达到160℃需要预热10～15分钟，但由于每款烤箱的功效不一样，温度与时间的设定请参照自己家烤箱的属性。另外，用烤箱做料理的时候，最好选择上下火独立控制温度的烤箱。烤箱的大小、热流、火候与温度的差异，都会影响烘烤出来的成品。

铸铁锅放进烤箱前要刷一层黄油

需要用到烤箱的料理，最好先在铸铁锅的锅内刷上一层薄薄的黄油，再把食物放在铸铁锅内。因为铸铁锅本身是不粘锅的，所以食物烤出来不会有烤焦的感觉，但是如果你想让食物的烤痕颜色更深一些，就可以在铸铁锅内刷上一层黄油，然后连锅一起放进烤箱，这样烤出来的食物看上去才会有一种"火候到位"的感觉。

选择好的容器

选择合适的容器，让料理看起来更加美味。比如说：陶器容易吸水，也能吸收料理的味道，不能直接装鱼；瓷器较轻，也不易吸水；用颜色较深、质地较厚的厚重容器盛装白色或浅色的料理，不仅感觉比较均衡，也能凸显料理；如果是煲汤等需要喝的料理，就要选择触感好的容器，也要避免表面粗糙的容器；需要趁热享用的料理适合用有盖的容器，可以长时间保持刚做好的状态，热乎乎地端上餐桌；招待客人的时候可以稍微改变一下样式，用木质的漆器来盛装料理，会让料理显得更优雅华贵。

07 比萨面团的制作

材料：

高筋面粉…………165 克
中筋面粉…………240 克
盐…………………8 克
即时干酵母………7 克
温水（25℃）……240 毫升

做法：

1. 将即时干酵母放入温水中，用打蛋器搅拌均匀。
2. 将中筋、高筋面粉和盐放入调理碗中，用手拌匀。
3. 倒入以温水溶解的干酵母，开始揉面。
4. 以手掌用力按压面团15～20分钟，将面团揉制光滑。
5. 将面团揉成圆形放在调理碗中，盖上保鲜膜。
6. 在室温下发酵40分钟。使之发酵至2倍大，即完成第1次发酵。
7. 将发酵成2倍大的面团取出，按压面团去除空气。
8. 将面团分成四等份塑成圆形，放在铁盘上，放入冰箱冷藏2～3小时，即完成2次发酵。

Part 2
记忆中的家常料理

记忆中的家常料理，总是有种令人心安的味道，让我在往后的日子里，无论离家多远多久，总会时常惦记着那股淳朴的家乡味。每每这时才意识到，人对"味道"的记忆是记在心底一辈子的事，而味道在无形之中就这样传承下来，我也希望把属于我家乡的味道传承下去。

01 香煎鸡翅

腌制入味的鸡翅,煎得外皮香脆、鸡肉多汁,是大人小孩都爱的料理,非常适合搭配可乐或是啤酒一同享用。

扫一扫二维码
跟视频做美食

材料(2人份)

鸡翅	8个
盐	适量
姜末	少许
蒜末	少许
糖	少许
生抽	适量
料酒	适量
黑胡椒粉	适量
油	适量

做法

1. 将鸡翅洗净,沥干水分,用刀在鸡翅两面斜切两下,加入生抽、料酒、姜末、蒜末、糖、盐拌匀,腌制30分钟左右。

2. 锅内注入适量油,逐个放入腌制好的鸡翅,用小火煎,煎至一面开始变金黄时,翻面煎,两面均煎至焦黄后盛出装盘,撒上黑胡椒粉即可。

Tips

装盘后可根据个人喜好撒上黑胡椒粉、孜然粉或辣椒粉等调味,也可不加调料品,喜欢焦香口味的也可在煎制鸡翅时刷上一层蜂蜜。

营养档案

鸡翅是很常用的食材,具有温中益气、填精益髓,补益胃肾等功效,尤其是鸡翅中,它的胶原蛋白含量丰富,益于保持皮肤光泽、增强皮肤弹性。

煎锅
20cm

02 三杯鸡翅

白珐琅具有不粘锅的特性和铸铁锅受热均匀的特性,能让炒好的鸡翅均匀上色又不怕脱皮。

扫一扫二维码
跟视频做美食

材料（3人份）

鸡翅	12 个
蒜瓣	1 颗
姜片	10 片
红尖椒	2 个
罗勒	1 把
米酒	适量
酱油	3 汤匙
冰糖	5 块
玉米油	2 汤匙
芝麻油	1/2 汤匙

做法

1. 锅中注水烧热，加老姜去腥，将洗净的鸡翅放入锅中汆水，捞出，沥干水分。

2. 辣椒切圈，锅中倒入玉米油，放入蒜瓣、姜片和辣椒圈，爆香至蒜瓣和姜片微黄。

3. 加入鸡翅，拌炒至鸡翅两面变黄，淋入米酒，翻炒均匀。

4. 淋入酱油，加入冰糖，拌炒均匀。

5. 待鸡翅上色后，盖上锅盖，转小火，焖约10分钟。

6. 揭盖，用大火收汁，将罗勒铺在鸡翅上，沿锅边缘淋入芝麻油，拌炒均匀。

7. 盖上盖，焖约1分钟，装盘即可。

营养档案

鸡翅富含胶原蛋白，对皮肤、血管以及内脏都有很好的补益功效，罗勒则具有芳香开胃，行气活血的功效，两者合用不仅能开胃消食还有多重补益效果。

圆形铸铁焖炖锅
20cm

03 千层卷心菜

夹在卷心菜中的食物可以自行变换,每一次打开都有不同的惊喜,让料理变得有趣好玩。

扫一扫二维码
跟视频做美食

材料(2人份)

卷心菜	1 棵
猪五花肉薄片	200 克
胡萝卜	适量
姜丝	适量
盐	1/2 小勺
清酒	2 大勺
水	125 毫升

做法

1. 将卷心菜剥开,取部分铺在锅底,胡萝卜刨成片。

2. 依序在锅中叠上半份五花肉、姜与胡萝卜,再铺上一层卷心菜叶,撒上 1/3 的盐。

3. 再次放入五花肉,撒上姜丝,铺上胡萝卜片,撒上 1/3 的盐,最后盖上剩下的卷心菜,撒上剩下的盐,并加入清酒和水。

4. 盖上锅盖,开中火加热,煮沸后转中小火,焖煮 15 分钟即可。

营养档案

烹制后的卷心菜含有丰富的维生素C、钾和叶酸,水分高热量低,具有很好的抗氧化、防衰老功效;而胡萝卜则含有大量的胡萝卜素,具有补肝明目的功效,可以预防夜盲症。

圆形铸铁焖炖锅
20cm

04 避风塘味炒大虾

香甜微辣的酱汁、Q 弹的大虾,搭配上炸蒜酥,香酥脆弹的口感,让不爱剥虾壳的我总是忍不住动手开剥。

扫一扫二维码
跟视频做美食

材料(2 人份)

大虾	适量
大蒜	2 瓣
辣椒	适量
葱	3 根
太白粉	适量
米酒	适量
酱油	1 大勺
盐	适量
糖	适量
油	适量

做法

1 虾洗净后开背去肠泥,加入米酒和盐腌制,大蒜切细末,辣椒切末,葱切段。

2 取出腌好的大虾,将多余的水分用厨房纸擦干,拍上少许太白粉吸干水分。

3 锅中倒油,中火烧热,出现油纹后,以虾尾测试,若虾尾碰油即有煎炸声并快速起气泡,即可下锅煎炸,炸至可闻到虾香,虾头的红油飘出,虾壳转酥脆即可起锅。

4 开中小火,倒入蒜末煎香,轻轻搅拌,至蒜末开始变酥后捞起沥油,备用。

5 锅中留油,加入辣椒末和葱白爆香,淋入酱油后,再放回大虾快炒,放入葱绿,加入糖和蒜酥,翻炒均匀即可装盘。

营养档案

虾营养丰富,肉质松软易消化,且含有丰富的蛋白质和镁、钾等微量元素,具有增强人体免疫力,预防动脉粥样硬化,缓解神经衰弱等功效。

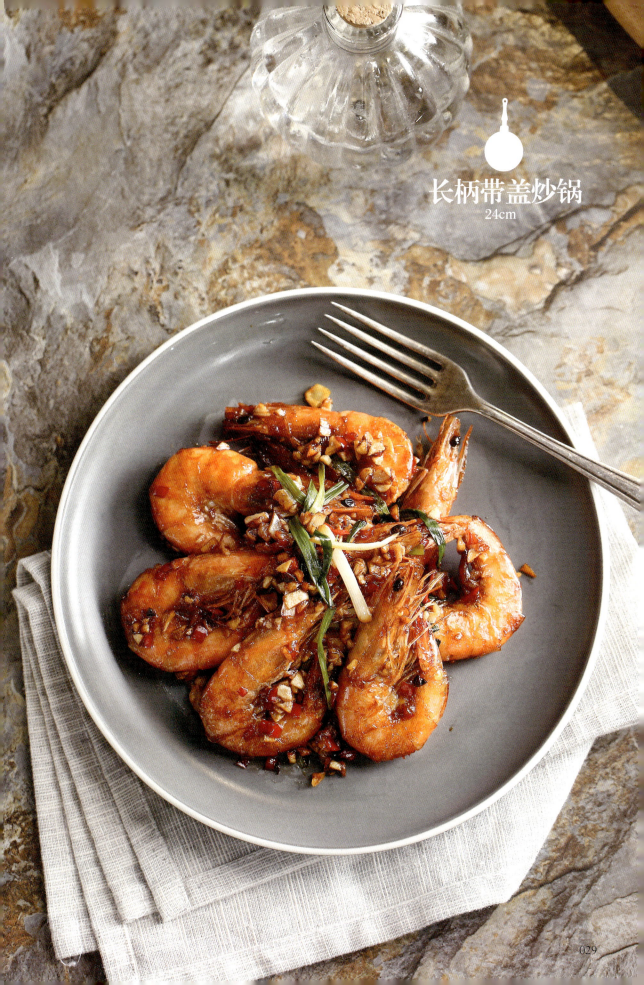

长柄带盖炒锅
24cm

05 脆皮煎鱼

鱼皮被煎得酥脆甚是完美，全靠一口好锅。

扫一扫二维码
跟视频做美食

材料(2人份)

鲜鱼	1条
油	2大勺
太白粉	适量
蒜	3瓣
辣椒	适量
盐	适量
米酒	适量
葱	适量

做法

1. 将鱼清理干净后，两面鱼身各划几个刀痕，加入盐、米酒腌制10分钟。

2. 蒜、辣椒切末，葱白切段，葱绿切末。

3. 将鱼用厨房纸巾擦干，下锅前在两面鱼身均匀拍上薄薄一层太白粉。

4. 锅中倒油，开中火，用鱼尾巴测试油温，若鱼尾碰触油后马上起油泡且发出煎得吱吱声音，即可下鱼。

5. 把鱼轻放下锅后，不要再移动鱼，两面各煎约3分钟，即可起锅。

6. 锅中留油，加入蒜末、辣椒末炒香，铺在鱼身上，撒上葱花即可。

营养档案

鱼肉含有丰富的优质蛋白，且易被人体吸收，含有的微量脂肪酸也具有降糖、保护心脏和抗癌的作用，还含有丰富的维生素D、钙、磷等能有效防治骨质疏松。

铸铁煎烤锅
20cm

06 锅塌豆腐

锅塌豆腐,最大程度地保留了豆腐本身的口感,煮过的煎豆腐外皮吸收了酱汁,变得有弹性,也让豆腐变得更有味道。

扫一扫二维码
跟视频做美食

材料(2人份)

老豆腐	200 克
油	适量
盐	2 克
高汤粉	1.5 勺
鸡蛋	1 个
淀粉	适量
料酒	适量
葱	适量
胡椒盐	2 克
酱油	适量

做法

1. 豆腐切块,装入碗中,加入料酒,撒上胡椒盐,腌制 15 分钟。

2. 葱切末,碗中打入鸡蛋并打散,豆腐裹上一层淀粉,再裹上一层鸡蛋液。

3. 开火,锅内倒油烧热,放入豆腐,煎至两面焦黄,即可盛出。若用带坑的煎锅煎,豆腐表面会有好看的花纹。

4. 锅中加入水、高汤粉、酱油,再次放入豆腐,中火煨煮。

5. 加入适量水淀粉勾芡,直至汤汁浓稠,盛出豆腐,撒上葱末即可。

营养档案

豆腐营养丰富,含有铁、钙、磷、镁等人体必需的多种微量元素,还含有糖类、植物油、丰富的优质蛋白和植物雌激素。

方形铸铁牛扒盘
24cm

07 姜汁烧肉

料理中的每一分味觉记忆,都来自于心底对家乡的眷恋,姜汁烧肉是记忆中最爱的一味。

扫一扫二维码
跟视频做美食

材料(2人份)

五花肉片	适量
白洋葱	半个
黑胡椒粉	适量
盐	少许
熟芝麻	适量
葱花	适量
黄油	1/2 大勺
生姜	适量
大蒜	适量
酱油	1~2 大勺
砂糖	适量

做法

1. 把生姜和大蒜磨成泥,倒入碗中,加入酱油和砂糖,搅拌成酱汁,备用。

2. 将酱油和黑胡椒粉、盐倒入装有肉片的碗中,腌制片刻,白洋葱切成丝。

3. 锅烧热后,用中大火把肉片快速煎香至转金黄色后捞起。

4. 锅中放入一小块黄油,加入白洋葱,以中火炒香。

5. 倒入调好的酱汁,快速翻炒至闻到酱香。

6. 把肉片倒入后快炒几下,关火起锅,撒上熟芝麻和葱花即可。

营养档案

姜含有蛋白质、糖类、维生素等物质,并含有植物抗菌素,有很好的杀菌作用,生姜还含有较多的挥发油,可以抑制人体对胆固醇的吸收,防止肝脏和血清胆固醇的蓄积。

铸铁煎烤锅
20cm

08 白酒百里香煎鸡腿

飘散着白葡萄酒与百里香的香气，这是一道就算是习惯吃酱油调味料理的人，也不得不屈服的美味

扫一扫二维码
跟视频做美食

材料(3人份)

鸡腿肉	600 克
白洋葱	2/3 个
荷兰芹	少许
盐	1/3 小勺
胡椒	少许
大蒜	1 头
白葡萄酒	100 毫升
百里香	适量
特级初榨橄榄油	少许

做法

1. 鸡肉切大块，白洋葱切2厘米厚圆片，蒜拍扁，荷兰芹切末。

2. 锅中倒入橄榄油，放入大蒜，开小火慢炒，待其变色后取出。

3. 在鸡肉上撒盐和胡椒，抹匀腌制片刻。

4. 鸡皮朝下放入锅中，盖上锅盖，开中火加热。鸡皮煎至焦香后，取出放在铁盘上。

5. 锅中留油，放入白洋葱、百里香，中火将白洋葱炒软。放入鸡肉，鸡皮朝上，放入大蒜，倒入白酒，盖上锅盖，焖煮至鸡肉熟透。

6. 关火，开盖，撒上荷兰芹、百里香进行装饰即可。

营养档案

鸡腿肉蛋白质的含量比例高，种类多，而且易消化，含有对人体生长发育有重要作用的磷脂类，是我们膳食结构中脂肪和磷脂的重要来源之一。

圆形铸铁焖炖锅
20cm

09 可乐排骨

分量十足的猪小排混合可乐,入口香甜嫩滑,这种甜咸口感成为了我童年时光的美好记忆。

扫一扫二维码
跟视频做美食

材料(3人份)

猪小排	1500 克
蒜	10 瓣
姜片	适量
辣椒	2 根
八角	5 个
可乐	900 毫升
酱油	6 大勺
冰糖	适量
食用油	适量

做法

1. 猪小排氽烫、洗净备用。

2. 开小火,铸铁锅中倒油,放入姜片、蒜头和排骨一起翻炒。

3. 排骨微上焦色后加入可乐、八角、酱油和冰糖。

4. 酱汁煮滚后盖上盖,转炉心火焖煮50分钟。

5. 辣椒切段,在排骨煮约30分钟后加入辣椒,盖上盖,续煮20分钟。喜欢辣可在步骤4中就放入辣椒。

6. 揭盖,将排骨盛入碗中即可。

营养档案

排骨除含蛋白质、脂肪、维生素外,还含有大量磷酸钙、骨胶原等,能提供丰富的钙质和蛋白质。

圆盖圆形焖炖锅
24cm

10 快速菠萝红烧肉

菠萝是常常拿来入菜的水果,因为酸度可以中和人们的口感,有解腻的作用,用来搭配红烧肉,味道刚刚好。

扫一扫二维码
跟视频做美食

材料(2人份)

带皮五花肉 …… 1000 克	酱油 …… 1/2 杯
菠萝 …… 300 克	冰糖/砂糖 …… 2 大勺
小葱 …… 2 把	米酒 …… 1.5 杯
蒜头 …… 5 棵	水 …… 2 杯
食用油 …… 适量	

做法

1. 五花肉洗净,切块,加入酱油腌制20分钟。

2. 葱切段,菠萝切大块。铸铁锅中倒入一小勺油,加入蒜头、葱爆香。

3. 倒入五花肉,直至炒到上色。

4. 加入冰糖、酱油、米酒,大火烧开。

5. 加入菠萝块和水,盖上盖,大火煮5分钟,再转中小火烧40分钟即可。

营养档案

新鲜菠萝含有丰富的维生素,尤其是维生素C含量最高,菠萝含有一种叫"菠萝朊酶"的物质,它能分解蛋白质及助消化的,预防脂肪堆积。

圆形铸铁焖炖锅
20cm

11 清炖羊肉

羊肉是一道温补的食材,由多种香料炖煮而成,很适合冬天来上一碗补一补。

扫一扫二维码
跟视频做美食

材料(3人份)

羊肉	适量
黄酒	55毫升
大葱	1根
八角	5个
干辣椒	适量
姜	5片
花椒	20粒
盐	适量
香叶	3片
香菜	3棵

做法

1. 把八角、花椒、干辣椒和香叶包在纱布里,用棉布线扎紧口,葱、姜切大片,两根完整的香菜打个结。
2. 羊肉洗净切块,放入铸铁汤锅里,加凉水汆煮片刻。
3. 开锅后转小火,将浮沫撇净。
4. 转中火,加入黄酒。
5. 把调料包、姜、葱和香菜放入。
6. 煮开后盖上锅盖转小火。
7. 炖煮约一个小时加盐调味。
8. 续煮十分钟后盛出装碗,加上香菜段即可。

营养档案

羊肉含有丰富的蛋白质,与猪肉、牛肉相比,羊肉含有的钙、铁、维生素含量更多,对于治疗产后贫血、久病体虚、等患者具有很好的补益效果。

圆盖圆形焖炖锅
24cm

12 凉薯紫苏鸭

拍过的紫苏叶可以让紫苏的特殊香气完全释放,这是在童年里与母亲做料理的美好记忆。

扫一扫二维码
跟视频做美食

材料(3人份)

鸭翅	500 克
凉薯	1 个
姜	少许
蒜	6 瓣
辣椒	少许
八角	1 颗
紫苏	少许
酱油	20 毫升
糖	5 克
油	10 毫升
米酒	25 毫升

做法

1. 将鸭翅放入碗中,倒入米酒腌制20分钟左右。
2. 把凉薯切块,辣椒斜切成圈,姜切片,蒜剥皮。
3. 锅中放油,加入姜、蒜、辣椒爆香。
4. 放入腌制好的鸭翅翻炒至表皮变色。
5. 加入酱油、米酒拌炒至表皮微微焦黄。
6. 加水没过鸭翅,盖上盖。
7. 中火烧开后转小火炖30分钟。
8. 揭盖,放入八角、糖和凉薯继续炖煮10分钟,起锅前撒上紫苏即可。

营养档案

凉薯不仅风味出众,还颇具药用价值,它能清热祛火、养阴生津;鸭肉性寒、可大补虚劳、可以滋阴清虚热,两者搭配具有清热降火的功效。

圆形铸铁焖炖锅
20cm

13 烩牛腩

爱上西红柿与牛肉的组合，炖得软嫩的牛腩，搭配上有西红柿微酸甜的酱汁，从此与西餐结缘。

扫一扫二维码
跟视频做美食

材料(4人份)

牛腩肉	750 克
去皮西红柿罐头	1 罐
白洋葱	1 个
圆顶白蘑菇	5 朵
蒜	4 瓣
红尖椒	适量
高汤	适量
香叶	1 片
深红糖	1 茶匙
面粉	1 汤匙
八角	1 颗
肉桂	适量
海盐	适量
现磨黑胡椒	适量
胡萝卜	适量
黄油	适量
橄榄油	适量

做法

1. 将牛腩肉切大块，在两面撒上海盐和黑胡椒，静置15分钟后沥干水分。

2. 白洋葱切丝，蘑菇切厚片，胡萝卜切不规则滚刀块。

3. 锅内倒入橄榄油烧热，倒入蒜头炒出香味。

4. 放入白洋葱翻炒至出现焦糖色。

5. 放入牛腩肉块翻炒至略带焦糖色，放入红糖，撒入面粉，翻炒至半透明均匀裹覆牛肉。

6. 放入白蘑菇翻炒约3分钟。

7. 加入去皮西红柿罐头炒匀，加入香叶、八角、肉桂，继续翻炒至西红柿熟透出香，倒入高汤至差1厘米没过肉块。

8. 加入盐调味，放入胡萝卜、辣椒，盖上盖，用烤盘托起放入烤箱，以上下火 140 ℃烘烤约2小时即可。

9. 可根据个人喜好搭配上白饭和香菜叶即可食用。

营养档案

牛肉富含蛋白质，其中氨基酸组成比猪肉更接近人体需要，能提高机体免疫力，对于久病体虚、贫血的人有很好的补益效果，尤其到冬天，更能暖胃助消化。

圆形铸铁焗炖锅
30cm

Part 3
无水料理

食材的原味在蒸煮过程中完整地保留下来，常常在开锅时获得意外的惊喜。当开始用铸铁锅做料理后会发现，原来做菜是一门有讲究的艺术。然而，在纷繁复杂的工序之中，你会看到，铸铁锅无水料理却是在用最简单的方式做出最好吃的料理。

01 无水焖大肉排

无水料理充分利用锅在加热过程中所产生的蒸汽循环上升，使水汽均匀地滴落在食材上，从而做出美味可口的食物。

扫一扫二维码
跟视频做美食

材料(2人份)

猪肋排	800 克
上海青	2 颗
盐	1/4 小匙
黑胡椒	少许
酱油	1/2 大匙
豆豉	1/2 大匙
清酒	1/3 杯
蚝油	1/2 大匙
砂糖	1/2 大匙
绍兴酒	2 大匙
蒜	1 瓣
姜	3 片
红辣椒	适量
太白粉	1 小匙
油	1 小匙

做法

1 将猪肋排倒入锅中氽烫洗净后，捞出沥干水分，加入盐和黑胡椒，静置 15 分钟。

2 上海青的菜叶和菜梗切分开，菜梗横剖成四瓣。锅中注油烧热，倒入菜梗翻炒，加入盐和水，盖上盖小火蒸 2 分钟，再放入菜叶，稍微蒸过后，取出上海青后，将锅中水倒掉。

3 将蒜、姜切碎，辣椒切成小段，将酱油、豆豉、绍兴酒、清酒、蚝油和砂糖倒入静置的猪肋排中，再放入蒜末、姜末、辣椒段和太白粉搅拌均匀。

4 拌匀后将排骨放入锅中，开中火煮至汤汁沸腾，揭盖，将锅内食材拌匀，盖上盖，以小火蒸煮 20 分钟后关火，闷 10 ~ 20 分钟，捞除多余的油脂。

5 再开火搅拌一下，将汤汁收干，放入上海青热一下，即可盛出装盘。

> **营养档案**
>
> 酒是很好的烹饪调味品，不仅香气浓郁，风味醇厚，并含有氨基酸、糖、醋、有机酸和多种维生素。

圆盖圆形焖炖锅
24cm

02 无水姜葱焗鲳鱼

利用焗炖锅的优点完整保留鱼身不被破坏,在无水蒸煮的前提下,鱼肉吃起来更是鲜嫩。

扫一扫二维码
跟视频做美食

材料(2人份)

鲳鱼	1条
小葱	1把
姜片	适量
油	适量
海盐	适量
料酒	适量

做法

1. 将鲳鱼两面均匀地抹上海盐。

2. 小葱切段,生姜切片,取部分切成丝,将姜片与葱段塞入鱼肚中。

3. 锅中倒油,锅底铺上些许葱,放入处理好的鱼,并淋入料酒。

4. 盖上盖中火焖蒸8~10分钟,开盖,放入葱段和姜丝,转小火焖2分钟左右,再开盖用汤匙收汁即可。

营养档案

鲳鱼肉中含有非常丰富的不饱和脂肪酸Ω-3系列,是减少心血管疾病突发的重要物质,能有效降低胆固醇,延缓机体衰老,预防癌症的发生。

圆形铸铁焗炖锅
28cm

03 桑拿鸡翅

锅盖与锅身的高密闭性才能让微量的水汽在锅内循环，鸡翅如同做桑拿般鲜嫩好吃。

扫一扫二维码
跟视频做美食

材料(3人份)

鸡翅中	8 个
胡萝卜	适量
洋葱	小半棵
香菇	6 个
盐	2 小勺
料酒	1 汤匙
生抽	1 汤匙
黑胡椒粉	适量
生姜	6 片
大蒜	4 瓣
老抽	1/2 汤匙
生抽	1.5 汤匙

做法

1. 鸡翅洗净，两面均用刀划三下，放入盐、料酒、生抽、黑胡椒粉，用手搓揉均匀后腌制1～2小时。

2. 胡萝卜、香菇、生姜切片，洋葱切丝，大蒜头拍扁备用。

3. 铸铁锅用大蒜、生姜片、洋葱铺底，再铺上胡萝卜片、香菇片。

4. 最后铺上腌制好的鸡翅，盖上盖，用中火煮10分钟左右。

5. 开盖，倒入老抽、生抽，拌匀后关火即可。

营养档案

无水料理最大程度的保留了食材的营养成分。鸡翅富含胶原蛋白，有很好的美容肌肤的效果。胡萝卜和洋葱有丰富的胡萝卜素，能很好补益肝肾。

圆形铸铁焖炖锅
20cm

04 蛤蜊丝瓜

无水料理系列的最大好处就是让食材的鲜甜完全释放，不用复杂的烹饪方法，就能吃到健康又美味的食物。

扫一扫二维码
跟视频做美食

材料(3人份)

丝瓜	2条
蛤蜊	400克
姜丝	适量
米酒	3大勺
葱	2根
芝麻油	1大勺
盐	适量
油	适量

做法

1. 将蛤蜊用盐水浸泡后，捞出洗净沥干水分，丝瓜削皮切成小块，葱切段。

2. 开中火，锅中注油，放入姜丝、葱段爆香。

3. 加入丝瓜，翻炒片刻，加入盐炒至微微出水，转小火加盖焖煮约3分钟。

4. 转中火，放入蛤蜊，淋入米酒，加盖焖煮约3分钟（或者听到蛤蜊开始打开的声音即可）。

5. 开盖，待蛤蜊全开后，加入芝麻油，撒上葱段，盖上盖，续焖1分钟即可。

营养档案

蛤蜊是含有丰富的钙质和维生素的海产品，对于预防骨质疏松和夜盲症有很好的功效，特有的牛磺酸能帮助胆汁合成，有助于胆固醇代谢。

圆形铸铁焗炖锅
30cm

05 无水咖喱西红柿牛肉锅

炖上一锅色香味俱全的咖喱牛肉,配以热腾腾的白米饭,再淋上自家风味的咖喱酱汁,让人胃口大开。

扫一扫二维码
跟视频做美食

材料(3人份)

西红柿	2个
白洋葱	1个
胡萝卜	1根
大蒜	2瓣
咖喱块	2小块
牛肉火锅片	200克

做法

1. 大蒜切末,白洋葱切丝,铺在锅底。

2. 西红柿切块,放入锅中,胡萝卜切滚刀块放入锅中。

3. 加入切好的蒜末,最后将牛肉片铺入锅中。

4. 盖上盖,用小火煮20分钟,在煮的过程中尽量不要打开锅盖。

5. 煮好后揭盖搅拌,放入咖喱块,持续搅拌到咖喱块完全溶解。

6. 盖上盖,用小火煨煮5分钟即可。

营养档案

牛肉含有丰富的各类蛋白质和维生素B_6、B_{12}、亚油酸等,有助于人体增长肌纤维,具有抗氧化、补血、增强免疫力的功效。

圆形铸铁焗炖锅
28cm

06 盐焗虾

虽然没有华丽的外衣,但拥有朴实的内在吃起来会让你享受满满的海洋风味和鲜甜美味。

扫一扫二维码
跟视频做美食

材料(3人份)

鲜虾 ·················· 800 克
海盐 ·················· 1000 克
鲜百里香 ·············· 30 克

做法

1. 将鲜虾洗干净后,用厨房纸吸干表面的水分。

2. 将海盐与新鲜百里香放入铸铁锅内用中小火炒热。

3. 将虾均匀地摆放在海盐表面,再盖上锅盖,小火焗 5 分钟左右。

4. 直到听见锅内有噼噼啪啪的响声时,即可关火出锅。

营养档案

虾的营养极为丰富,所含蛋白质是鱼、蛋、奶的几倍到几十倍。其肉质筋道、有弹性、而且非常细腻。采用盐焗方法进行烹饪,更能保持虾的质感和鲜味。

椭圆形铸铁焖炖锅
29cm

07 无水牛肉寿喜烧

寿喜烧是很受欢迎的料理之一，餐厅常常订不到位，在家料理便成为我们三五好友聚餐的最佳选择。

扫一扫二维码
跟视频做美食

材料(3人份)

火锅牛肉片	1 盒
卷心菜	半棵
白洋葱	1 个
金针菇	1 包
胡萝卜	1 根
香菇	3 个
板豆腐	1 盒
青葱	2 根
大葱	1 根
糖	适量
酱油	2 杯
清酒	2 大勺

做法

1. 将白洋葱切丝，胡萝卜切片，青葱切段，卷心菜撕成片。

2. 大葱切小块，金针菇撕散，香菇切片，豆腐切块，依次将上述材料(3人份)铺入铸铁锅内。

3. 淋上清酒、酱油，加入砂糖。

4. 盖上盖，中小火煮15分钟。

5. 揭盖后，稍稍搅拌，涮入牛肉片即可。

营养档案

牛肉是富含高蛋白的食材，具有很好的养生保健效果，配上金针菇和卷心菜等食材，不仅能缓解牛肉的滋腻，更加丰富口感，缓解消化道的压力，帮助食物消化吸收。

圆形铸铁焗炖锅
30cm

063

08 豆腐蒸鱼

豆腐＋酱油＋鱼＝美味，当然一定要挑选肉多刺少的鱼，才能开心地大快朵颐。

扫一扫二维码
跟视频做美食

材料（2人份）

鲜鱼	270 克
板豆腐	1 块
酱油	1.5 大勺
蚝油	1 大勺
芝麻油	1 大勺
乌醋	1 大勺
油	2 大勺
葱	2 根
葱刨丝	适量
辣椒切丝	适量
姜丝	适量
米酒	适量
盐	适量
白胡椒	适量

做法

1 葱切中段，两面鱼身各划2～3刀至骨，在鱼肚里塞入适量葱和姜，再撒上海盐和白胡椒，淋入米酒腌20分钟。

2 将蚝油、芝麻油、酱油、乌醋倒入碗中，调成酱汁备用。

3 辣椒切丝，豆腐切成约2厘米厚的块状，均匀地铺入锅中，放置15分钟至豆腐出水。

4 在豆腐上铺上葱段，放入鱼，中火烧至开始有水蒸气飘出后，盖上盖，并转中小火烧4分钟，最后再转小火烧4分钟，关火，续焖3分钟。

5 用牛油锅热油，揭盖，倒入酱汁，铺上葱丝、姜丝、辣椒丝，浇入热油即可。

营养档案

豆腐营养丰富，含有铁、钙、磷、镁等人体必需的多种微量元素；鱼肉含有丰富的优质蛋白，易被人体吸收能有效提高机体免疫力。

椭圆形铸铁焖炖锅
29cm

Part 4 主食系列

今天吃饭还是面?

每个家庭温暖的故事,都从一碗热气腾腾的白米饭或是一碗分量十足的面条开始说起。美味的食物总是不能独享,在经过一双双巧手的用心烹饪后,再搭配上千变万化的食材,无论是米饭还是面条,尝起来不但有饱足感,味道也值得让人反复回味。

01 三文鱼拌饭

喜欢吃煎三文鱼,特别是当三文鱼的油脂配上米饭的时候。

扫一扫二维码
跟视频做美食

材料(3人份)

三文鱼	1片
长糯米	1杯
白胡椒盐	适量
葱	适量
米酒	适量
盐	适量
黑胡椒	适量
油	适量

做法

1. 将小葱切段,糯米洗净,用清水浸泡约1个小时,捞出沥干水分。

2. 将糯米放入锅中,配上0.7杯水,中火煮沸直至出现小漩涡,用筷子朝同一方向搅拌几圈。

3. 盖上盖,小火煮8分钟,之后再关火续焖10分钟。

4. 将三文鱼拿出退冰,洗净后擦干,两面均拍上米酒,撒上盐和黑胡椒。

5. 热锅注油,放入三文鱼,两面均煎至焦黄、带有焦香后盛出。

6. 煎好的三文鱼放凉5分钟,用手或筷子撕成小块,去骨。

7. 将三文鱼拌入煮好的饭里,撒上白胡椒盐,拌匀后盛入碗中,撒上葱花即可。

Tips

1杯米最多配0.7杯水,糯米太湿就不Q了,可加入三文鱼子变成三文鱼亲子拌饭。

营养档案

三文鱼中含有丰富的不饱和脂肪酸,能有效提升高密度脂蛋白胆固醇、降低血脂和低密度脂蛋白胆固醇,防治心血管疾病。

圆形铸铁焖炖锅
20cm

02 港式腊味饭

糯米、高汤、港式腊肠、白洋葱、鸡蛋,再搭配调料,看似简简单单的食材,经过铸铁锅的焖煮,却能做出幸福饱满的味道。

扫一扫二维码
跟视频做美食

材料(3人份)

糯米	2 杯
高汤	1 杯
港式香肠	4 根
白洋葱	1/4 个
鸡蛋	1 个
油	1 小勺
酱油	1 大勺
蚝油	1/2 大勺
糖	1 小勺

做法

1. 将白洋葱切成粒状,用牙签在港式香肠上戳洞。

2. 开中火,在锅中加入油,倒入白洋葱爆香,加入糯米翻炒片刻。

3. 放入港式香肠,注入高汤,盖上盖,以中火煮至沸腾有蒸汽冒出后,转小火煮15分钟。

4. 揭盖,将香肠取出切片,铺在糯米饭上并打入一个蛋,盖上盖以中火煮2分钟,关火,续焖15分钟。

5. 碗中倒入蚝油、酱油和白糖,混合均匀,制成酱汁。

6. 从米饭周围淋入酱汁,盖上盖,大火煮10分钟即可关火,可根据个人喜好加入葱花。

Tips

在香肠上戳小洞,可使油脂溢出,方便香肠的蒸汁流入饭中,使饭粒具有腊味。

营养档案

香肠含有丰富的蛋白质和碳水化合物,还含有丰富的油脂,气味香醇,能很好的刺激食欲,增进食物的消化吸收。

圆盖圆形焖炖锅
24cm

03 鸡肉牛蒡糯米饭

记得有一次在素食餐厅吃到养生牛蒡饭,虽然不爱吃牛蒡,但却觉得这是一道惊为天人的美味。

扫一扫二维码
跟视频做美食

材料(3人份)

大米	180 克
糯米	180 克
鸡腿肉	1 片
牛蒡	1/2 根
姜	1 块
干香菇	3 个
胡萝卜	1/2 根
酱油	3 大勺
白糖	1 大勺
米酒	1 大勺
味醂	1/2 大勺
橄榄油	1 大勺

做法

1. 将生姜切末,胡萝卜切丝,鸡肉切成小块,泡发好的香菇切块,牛蒡切丝。

2. 糯米与大米混在一起洗,沥干水分,放入锅中,倒入等量的水,浸泡30分钟以上。

3. 锅中倒油,开火加热,放入姜末爆香。

4. 放入鸡肉炒至变色,加入牛蒡炒软,加入胡萝卜丝和香菇炒出水分,倒入酱油和米酒炒匀,加入白糖、味醂炒至水分收干。

5. 锅不要洗,放入泡过水的米和350毫升水,拌匀后盖上锅盖,开中火加热至水滚,关盖,转小火炊煮10分钟。打开锅盖放入步骤4中的材料,盖上锅盖蒸煮15分钟。

6. 稍微拌匀饭,盛入饭碗,撒入适量葱花即完成。

Tips

没有糯米亦可用大米,牛蒡切丝后先用盐水浸泡后再用,如果没有味醂亦可用泡过香菇的水代替。

营养档案

牛蒡富含膳食纤维,能有效的吸附体内多余的钠,达到降血压的效果,同时还能促进血液循环,清除肠道垃圾,降低胆固醇,有促进细胞新陈代谢、美容肌肤的功效。

圆形铸铁焖炖锅
20cm

04 韩式泡菜炒饭

不得不说韩国的辣白菜无论和哪种食材搭配都很对味!

扫一扫二维码
跟视频做美食

材料(4人份)

隔夜白饭	2 碗
韩式泡菜	150～200 克
鸡蛋	2 个
白洋葱	半个
葱花	适量
芝麻油	适量
胡萝卜丝	适量
韩式辣椒粉	适量

做法

1. 蛋打散成蛋液,备用,白洋葱切丁。

2. 热锅下油,中大火加热后,炒白洋葱末,白洋葱炒软,再下胡萝卜丝续炒。

3. 下泡菜(连泡菜汁)一起炒,炒的酱汁也微焦粘锅。

4. 把锅中的泡菜先转移至锅旁,将蛋液倒在锅中空出来的地方,炒成微焦的蛋花后再与泡菜等炒在一起。

5. 放白饭翻炒,并倒入少许清水在锅中焦黄粘底的地方,马上用锅铲将焦底炒起来。

6. 炒入适量的韩式辣椒粉,并试味道再以盐调味。

7. 起锅前大火炒入适量芝麻油,放葱花之后马上关火即可。

营养档案

韩国泡菜含有丰富的维生素和其他人体所需的重要元素以及乳酸菌,不仅有助于消化,还有降低胆固醇、预防癌症、美化皮肤、增进消化和预防疾病传染的功效。

铸铁煎烤锅
25cm

05 海南鸡饭

想吃美味的海南鸡饭，不妨摆上铸铁锅，自己动手制作料理，可以加饭、加肉、加酱……都挺不错的。

扫一扫二维码
跟视频做美食

材料（4人份）

大米	4杯
鸡腿肉	1块
盐	适量
白酒	2勺
姜	1块
柠檬	1个
油	1勺
生抽	3大勺
白糖	4大勺
黑胡椒碎	1/2勺
香菜	适量
辣椒粉	适量
葱丝	适量

做法

1. 将鸡腿肉去除多余脂肪后，撒上盐和酒按摩入味，姜拍片。

2. 锅中倒入适量水，加入姜和鸡肉，开火煮沸，捞去浮渣。盖上锅盖，以小火烹煮15分钟后关火，捞出鸡块和姜片。

3. 向锅中剩余的汤汁中加入4杯清水和1勺盐；大米洗净沥干水分，倒入汤锅中，开中火烹煮。

4. 将烫过的鸡肉切成1.5厘米的丁状，待锅中出现小漩涡和泡泡，放入鸡丁，转小火，盖上盖煮10分钟。

5. 姜切丝，柠檬切开挤汁，加入适量盐制成淋酱A。

6. 另取一个碗，放入生抽和糖，用微波炉加热40秒，使糖溶解，制成淋酱B。

7. 米饭煮熟后关火再闷10分钟，将葱划成丝切断放入水里洗净，香菜切小段。

8. 揭盖，摆上葱丝及香菜，再撒上黑胡椒粒和辣椒粉，配之以淋酱A和淋酱B即可食用。

营养档案

鸡腿肉含有丰富的胶原蛋白，有很好的补益效果，加上柠檬富含丰富的维生素C，不仅能帮助消化，刺激食欲，还能有效缓解肉类食品带来的滋腻感。

圆盖圆形焖炖锅
24cm

06 排骨蒸饭

就是这个酱！就是这个酱！有了它排骨蒸饭才完整，第一次吃就会爱上的排骨酱。

扫一扫二维码
跟视频做美食

材料(4人份)

钵蒸排骨肉	适量
糯米	3 杯
大米	1 杯
香菜	适量
钵蒸排骨酱汁	3 匙
水	450 毫升

做法

1. 开盖，加入酱汁和约 450 毫升水，混合备用。

2. 将糯米与大米混合，用水淘洗 2～3 次后沥干水分，把米放入备好的汤锅中，静置 10～30 分钟。

3. 以较大的中火加热至沸腾，搅拌一下，放入排骨，把排骨尽量压入水中，再以小火煮 10 分钟。

4. 熄火后继续闷 10 分钟，打开盖子将整体稍加拌匀；试一下味道，如果太淡就加盐调味，最后再依个人喜好加香菜点缀即可。

营养档案

排骨除含蛋白质、脂肪、维生素外，还含有大量磷酸钙、骨胶原等，和米饭共煮，能将营养物质渗透到米饭中，增加米饭醇香，有很好的开胃作用。

圆盖圆形焖炖锅
24cm

07 白酒蛤蜊意大利面

利用铸铁锅的特性,让蛤蜊的鲜美可以完全留在锅中,清炒的白酒蛤蛎意大利面是孩子们的最爱。

扫一扫二维码
跟视频做美食

材料(3人份)

意大利直面	250~280克
蛤蜊	750~1000克
白洋葱	半个
白葡萄酒	80克
黄油	15克
橄榄油	3大勺
蒜	8瓣
小辣椒	适量
罗勒	适量
干燥百里香	适量

营养档案

蛤蜊富含钙质和维生素 B_{12} 以及多种微量元素,能帮助胆汁合成,促进血液代谢,抗焦虑,可以有效降低胆固醇含量,预防高血脂等疾病。

做法

1. 沸水加一点盐,将意面放入锅中煮9分钟后捞起,冲冷水后加入橄榄油搅拌均匀。

2. 大蒜一部分切片,一部分切末备用;辣椒切末,白洋葱切丝。

3. 先取酱锅,中火烧热3大勺橄榄油后,放入全部蒜末、辣椒末及一点百里香(二手指抓取的分量)小火炒香,关火,放置半小时。

4. 取平底锅,放入黄油及做法3中的大勺辣油(只要油就好)中火加热,炒白洋葱及蒜片至白洋葱变透明。

5. 取平底锅,转中大火,将蛤蜊放入后,呛入白酒,待白酒滚后关盖约3分钟或者听到蛤蜊打开的声音,开盖,将打开的蛤蜊捞起备用。

6. 将煮好的意粉放入锅中,加入做法3剩下的辣油及蒜末、辣椒末,持续中火翻炒。

7. 最后,加入蛤蜊和罗勒,拌炒至罗勒软化出味及意粉的软硬度合适即可。

08 奶酪通心粉

喜欢白酱与干酪的人一定要学的一道料理，记得通心粉用水煮到六分熟最好，这样在烤完后还能保有通心粉的弹性。

扫一扫二维码
跟视频做美食

材料（4人份）

通心粉	200 克
帕玛森奶酪	120 克
白洋葱	半个
面粉	2.5 大匙
牛奶	500 毫升
鲜奶油	2 大匙
黄油	30 克
盐	适量
黑胡椒	少许

做法

1. 白洋葱切末备用。

2. 锅中加水煮沸，加入少许盐，再加入通心粉，煮 5～6 分钟后捞起沥干。

3. 把牛奶和鲜奶油混合备用。

4. 开火，黄油下锅加热，全部融化后放入白洋葱拌炒，软化后再加入面粉继续拌炒，并慢慢倒入混合好的牛奶与鲜奶油，持续搅拌至滑顺为止，接着加入帕玛森奶酪使其融化，关火。

5. 加入通心粉，搅拌均匀，烤箱预热至 200℃。

6. 将混合好的通心粉放入预热至 200℃ 的烤箱，烘烤 15～20 分钟即可。

7. 根据自己喜好撒入适量黑胡椒。

营养档案

通心粉中含有丰富的营养元素，例如蛋白质、维生素、无机盐等，尤其含有丰富的镁和磷，对于骨骼、牙齿的生长发育有很好的促进作用。

圆形铸铁焗炖锅
28cm

09 西红柿培根意大利面

没有加奶油的红酱吃起来更爽口,西红柿的酸度与培根的咸香相呼应,再加上一点辣椒,整体口感真的是好吃得没话说。

扫一扫二维码
跟视频做美食

材料(3人份)

意大利面	160 克
西红柿	1 个
白洋葱	1/2 个
培根	70 克
大蒜	少许
红辣椒	1 小根
特级初榨橄榄油	2 大勺
盐	少许
胡椒	少许
帕马森干酪粉	少许
荷兰芹	少许

做法

1. 水煮沸后撒入适量盐,放入意大利面小火煮9分钟。

2. 白洋葱切圆片,用手撕开,西红柿切丁、大蒜切末,培根、荷兰芹、红辣椒切小块。

3. 意大利面煮熟后沥干水分,放适量油拌匀。

4. 锅里放入橄榄油、蒜末、红辣椒、培根、白洋葱,中小火拌炒。白洋葱炒软后,再放入西红柿、盐、胡椒、意大利面继续翻炒。

5. 面盛入碗里,撒上帕马森干酪粉、荷兰芹即可。

营养档案

意大利面的原料是"硬小麦",既含有丰富的蛋白质,又富含碳水化合物,不会引起血糖的迅速升高,还能充分吸收西红柿和培根的营养,让面更加美味。

带盖煎焗锅
26cm

10 奶油鸡肉通心粉

浓浓的奶香，Q弹可口的通心粉，吃起来甜而不腻，听起来有没有很心动？

扫一扫二维码
跟视频做美食

材料(4人份)

通心粉	125 克	盐	适量
鸡胸肉	50 克	去皮西红柿	1 罐
鲜奶油	约 125 克	圣女果	11 个
干酪	适量	黑胡椒	少许
高汤	350 毫升	黄油	1 大勺
罗勒	适量		

做法

1. 白洋葱切丝铺底，倒入通心粉，鸡胸肉切成条状放入。

2. 圣女果切半，再加入去皮西红柿。

3. 放一块黄油，再倒入高汤。

4. 最后放上一把罗勒，关盖小火煮 15 分钟。

5. 煮至沸腾后开盖，倒入鲜奶油，中火煮 1～2 分钟，撒上盐、黑胡椒及干酪调味，关盖 2 分钟即可。

营养档案

鸡肉和通心粉都含有丰富的蛋白质和微量元素，对人体的生长发育有着很好的促进作用，奶油中则含有大量的脂肪，能帮助人体储存能量。

圆形铸铁焗炖锅
28cm

11 什锦蔬菜肉酱

蔬菜的甜味与肉汁的完美结合,即便是一碗白饭,也能吃出不一样的味道。

扫一扫二维码
跟视频做美食

材料(4人份)

牛猪综合绞肉	300 克
白洋葱	1/6 个
胡萝卜	1 个
西芹	1 棵
大蒜	适量
迷迭香	适量
白葡萄酒	100 毫升
水	300 毫升
水煮西红柿罐头	200 克
特级初榨橄榄油	1 大勺
盐、胡椒	各适量
荷兰芹末	少许

做法

1. 将所有食材切碎备用。

2. 开小火,锅中放入橄榄油与备好的食材,撒入少许迷迭香,将蔬菜炒软。

3. 开小火,锅中放入橄榄油与备好的食材,撒入少许迷迭香,将蔬菜炒软。

4. 撒上少许盐和胡椒,倒入白酒,锅内沸腾后加入水煮西红柿,开中火炖煮。

5. 炖煮至浓稠后,加入盐与胡椒调味,最后撒上荷兰芹。

营养档案

白洋葱、或萝卜和西芹都含有丰富的维生素和纤维素,帮助胃肠道吸收和蠕动,能很好的助消化。

圆形铸铁焖炖锅
20cm

12 台式罗勒炒乌冬面

乌冬面是一种以小麦为原料制造的面食，蛤蜊鲜甜的汤汁加上酱油、麻油、蚝油、镇江醋的提味，是会让人回味的好味道。

扫一扫二维码
跟视频做美食

材料(3人份)

蛤蜊	500～1000克
乌冬面	2小包
米酒	1大勺
芝麻油	1大勺
姜片	5片
葱段	2根
蒜末	适量
辣椒末	适量
罗勒	适量
油	适量
蚝油	适量
酱油膏	适量
镇江醋	适量

营养档案

乌冬面具有很高的营养价值，含有丰富的碳水化合物和蛋白质，是补充热量和植物蛋白的重要来源，还可以降低血液中的雌激素，防治乳腺癌，多食可以很好的美容美颜，防衰老。

做法

1. 将蚝油、酱油膏及镇江醋倒入碗中，调制成酱汁，葱切段。

2. 锅中倒入油和芝麻油，中小火爆香姜片及葱段。

3. 待姜片爆香到边边呈一点卷曲且咖啡色，香味溢满，就可以加入蒜末及辣椒末炒。

4. 呛入1大勺米酒后，再倒入调好的酱汁及蛤蜊翻炒一下，转中火或中大火盖盖焖煮。

5. 起一滚水锅烫乌冬面，不用煮熟，只要把乌冬面过水烫开即可捞起备用。

6. 3～5分钟，或者从锅外听到蛤蜊打开的声音，开盖放入烫好的乌冬面续炒。

7. 放入罗勒拌炒30秒即可起锅。

Tips

酱汁可用蚝油2大勺、酱油膏2大勺、镇江醋1大勺制成。

圆形铸铁焗炖锅
28cm

13 海陆味增土手锅

日式味增当汤底,搭配上鸡肉与三文鱼,再配上孩子们最爱吃的乌冬面,在寒冷的冬天来上一锅,真是享受啊!

扫一扫二维码
跟视频做美食

材料(4人份)

三文鱼	300 克
鸡胸肉	300 克
大白菜	7～8 片
葱	2 根
冷冻乌冬面	2 包
味增	2～3 大勺
高汤	适量
水	2～3 杯
清酒	2 大勺

做法

1. 将乌冬面放入锅中煮 3～5 分钟后捞起备用。

2. 鸡肉切成 2 厘米见方的块状,葱切段、大白菜横切成三截。

3. 准备一个砂锅或是铸铁锅,在锅子的四周抹上味增。

4. 白菜沿着锅子排列整齐,再把煮好的乌冬面铺在锅子中间。

5. 摆上三文鱼和鸡胸肉,还有葱段。

6. 倒入水、高汤,并淋上清酒,盖上锅盖中火煮沸腾后转小火煮 10 分钟即可。

营养档案

三文鱼中含有丰富的不饱和脂肪酸,能有效降低胆固醇,防治心血管疾病,更是脑部、视网膜及神经系统必不可少的物质。同时还含有丰富的维生素 D,促进机体对钙的吸收,有助于生长发育。

圆盖圆形焖炖锅
24cm

14 韩国部队锅

省时、简单又美味的韩式辣白菜泡面+干酪,记得干酪一定要双份,辣白菜跟干酪最对味了。

扫一扫二维码
跟视频做美食

材料(3人份)

辛拉面	适量
韩国泡菜	适量
火锅猪肉片	适量
年糕	适量
鸡蛋	1个
干酪	2片
葱段	适量
高汤调味料	适量

做法

1. 葱切段备用,锅中倒入适量清水煮沸。

2. 水沸腾后加入辛拉面的面条。

3. 放入韩国泡菜和葱段。

4. 倒入适量的高汤调味料。

5. 依次放入猪肉片、年糕。

6. 再加入辛拉面的调味包,关盖以小火焖煮15分钟。

7. 煮滚之后再打入一个蛋,放上两片干酪即可。

营养档案

韩国泡菜富含各类维生素和乳酸菌,在丰富口感的同时能起到很好的杀菌作用,口味酸甜开胃,能加快肉类蛋白的代谢和消化。

圆形铸铁焖炖锅
20cm

Part 5
点心系列

说到"点心",盘旋在脑海的大抵是精致、讲究之类的词。我想,大多数人也会和我一样根深蒂固地认为"点心"的制作过程很繁杂,除了要买大量的烤模具外,还要承担失败重做的风险。自从有了铸铁锅后,才发现,各式各样的甜食、咸食,只要有铸铁锅都可以搞定。

01 布丁面包

不得不说,面包跟布丁真的很搭,还可以依据个人喜好加入水果、巧克力等一起烤,或是选择不同口味的面包来做搭配。

扫一扫二维码
跟视频做美食

材料(3人份)

吐司面包	3 片
鸡蛋	3 个
牛奶	750 毫升
麦片	适量
葡萄干	适量
白糖	6 勺

做法

1. 准备一个大碗,打入鸡蛋并打散,再加入牛奶、糖,然后搅拌均匀,做成布丁液。

2. 将烤箱温度调为180℃,预热5分钟。

3. 将面包撕成小块放入烤碗中。

4. 将之前搅拌好的布丁液和麦片、葡萄干依次加入烤碗中,然后将烤碗放在烤盘上,放入烤箱,以180℃的温度烤制15分钟。

5. 取出烤好的布丁面包即可。

营养档案

牛奶、鸡蛋是高蛋白的食材,含有丰富的氨基酸和各种微量元素,牛奶还含有丰富的钙、磷、铁质,能帮助预防骨质酥松,提高机体免疫力。

椭圆形迷你铸铁炖锅
12*9cm

02 香脆爆米花

下班后或放假时，准备自己喜欢的爆米花，找个舒适的姿势，好好享受在家放松的时光。

扫一扫二维码
跟视频做美食

材料(2人份)

爆米花专用玉米	1 小把
黄油	5 克
砂糖	40 克
水	15 毫升

做法

1. 锅里放入黄油和适量的水，加热到完全融化后，放入玉米粒，铺满锅底。

2. 稍微把黄油与玉米混合一下后，关盖，中火加热，直到听到噼噼啪啪的声音。

3. 继续加热，噼噼啪啪的声音会逐渐由强到弱，声音开始变稀疏时，即可关火，让锅子的余热将剩下的玉米爆好。

4. 根据个人口味可加入砂糖、蜂蜜或椒盐等。

Tips

焦糖爆米花制作方式，把爆米花放在一个不粘容器里，淋上煮好的糖液，同时快速翻动爆米花，直至均匀沾裹上糖浆即可。

营养档案

玉米含有丰富的维生素、纤维素、谷胱甘肽、胡萝卜素和亚油酸，能起到调节血糖血脂，预防心血管疾病，延缓衰老，维持消化系统、神经系统功能正常等作用。

圆形铸铁焖炖锅
20cm

03 香甜苹果派

印象中苹果派就是长这个样子,然后就按着心中的样子做出来了,想吃的时候就自己动手。

扫一扫二维码
跟视频做美食

材料(4人份)

派皮
- 低筋面粉 ………… 160 克
- 黄油 ………… 80 克
- 白糖 ………… 50 克
- 鸡蛋 ………… 55 克

派馅
- 牛奶 ………… 120 克
- 动物性淡奶油 ………… 180 克
- 白糖 ………… 50 克
- 蛋黄 ………… 2 个
- 低筋面粉 ………… 45 克
- 玉米淀粉 ………… 45 克
- 黄油 ………… 适量

表面
- 苹果 ………… 2 个
- 盐水 ………… 适量
- 蜂蜜 ………… 适量
- 黄油 ………… 适量
- 糖粉 ………… 适量

营养档案

苹果富含维生素和果胶,能保持血液中的血糖稳定,能有效降低胆固醇;苹果含有的粗纤维能帮助胃肠蠕动,帮助消化。

做法

1. 将面粉筛入盆内,放入软化的黄油丁,用手将其搓成屑状,放入白糖搓匀,倒入蛋液,轻轻捏成团,不要过分揉捏,放入冰箱冷藏松弛2小时以上(可放置一晚)。

2. 苹果去皮,对半切开,去核,切成相同厚度的薄片,放入淡盐水中浸泡,待用。馅料中除玉米淀粉以外的所有材料放入锅中,用小火加热并搅拌至无颗粒状后,放入玉米淀粉,继续加热至浓稠浆状后关火。

3. 取出派皮,上下各覆一张保鲜膜,用擀面杖将其擀成比圆煎锅大的薄片,浅煎锅涂上软化的黄油,揭掉擀好的派皮的一面保鲜膜,将其覆盖在派盘上,用叉子在派皮底上扎眼儿。

4. 把煮好的馅料放入圆煎锅内,用手压实,苹果片用厨房用纸吸擦干水分,均匀地围圈铺在馅料上。

5. 把做好的玫瑰苹果派胚放入预热好的烤箱中,以上下火200℃烤40分钟,烤好后,取出煎锅,在苹果上刷上蜂蜜,再次放入烤箱烘烤3~5分钟,取出烤好后的派,并撒上一层糖粉即可。

铸铁煎烤锅
25cm

04 爱尔兰奶茶

爱尔兰奶茶里面添加了威士忌,在制作中将酒精燃烧后只留下威士忌焦糖、咖啡、牛奶的独特香气。

扫一扫二维码
跟视频做美食

材料(3人份)

牛奶	125 克	炼乳	1 大勺
水	200 毫升	威士忌	1 小勺
爱尔兰早餐茶叶	3 小包	红糖	1 块

做法

1. 在锅中加入水、牛奶,中火煮沸。

2. 放入1大勺的炼乳和爱尔兰早餐茶叶,搅拌均匀。

3. 稍微煮一会儿后取出茶包,煮到微滚冒泡即可盛杯。

4. 在汤勺上放一些红糖,倒上一小勺的威士忌,并点火。

5. 待红糖融化后,用汤勺在奶茶中搅拌均匀即可。

Tips

添加威士忌能让奶茶更增添香气,红糖可用方糖代替。

营养档案

炼乳和牛奶含有丰富的蛋白质和脂肪,能很好的补充能量,加入少量威士忌,既可以提炼出来特殊的香气又可以帮助血液运行,加快新陈代谢,保持元气满满。

单柄带盖铸铁奶锅
18cm

05 巧克力舒芙蕾

能为心爱的人做巧克力舒芙蕾，并看着对方吃得很幸福的样子，我想这就是爱情吧。

扫一扫二维码
跟视频做美食

材料(4 人份)

蛋白	4 个
蛋黄	2 个
苦甜巧克力块	100 克
黄油	40 克
可可粉	30 克
Baileys 咖啡奶酒	10 克
细砂糖	50 克
糖粉	适量

做法

1. 往煎盘中涂薄薄一层黄油，撒上砂糖均匀附着在煎盘内面；将蛋黄和蛋白分离，并将蛋白放入搅拌钢盆中，避免碰到水。

2. 将巧克力切小块或削碎，隔水加热融化后放入黄油块，融化后再搅拌均匀，待其稍凉后，将可可粉过筛筛入，并拌入蛋黄及咖啡奶酒。

3. 用手动搅拌器将蛋白以中高速打至起泡，再加入 1/3 的细砂糖，打至泡泡变细变亮白，再将剩下的糖再分 2 次倒入蛋白中，最后打至提起搅拌器时前端有挺立的尖角，且搅拌盆倒过来蛋白霜不会流下。

4. 用刮刀将 1/3 的蛋白霜刮入巧克力面糊中，搅拌至完全看不到白色泡泡，重复再挖 1/3 稍微搅拌，但不需至完全看不到白色泡泡程度，然后把巧克力面糊倒入剩下的搅拌盆中，与剩余蛋切拌匀。

5. 将面糊倒入煎盘中，最后以手指在煎盘内侧边缘刮一圈，以利舒芙蕾直向长高。

6. 烤箱预热至 200℃，送入烤箱，以 200℃烤约 12 分钟，取出后筛上糖霜即可。

营养档案

巧克力和鸡蛋都是高热量食物，其中巧克力能缓解情绪低落，集中注意力，加强记忆力，还能保持毛细血管的弹性，具有防治心血管疾病的作用。

铸铁煎烤锅
20cm

06 糖渍蜜桃

夏天，除了想到冰激凌就是糖水了吧！

扫一扫二维码
跟视频做美食

材料(1人份)

水蜜桃⋯⋯⋯⋯⋯⋯⋯⋯⋯⋯ 2 个
水⋯⋯⋯⋯⋯⋯⋯⋯⋯⋯⋯ 350 毫升
白酒⋯⋯⋯⋯⋯⋯⋯⋯⋯⋯ 150 毫升
砂糖⋯⋯⋯⋯⋯⋯⋯⋯⋯⋯⋯ 120 克

做法

1. 水蜜桃用盐水浸泡后去除细毛洗净，切开备用。

2. 烧一锅热水，将水蜜桃放入烫 3～5 分钟后捞起，放入冰水中去皮。

3. 白酒倒入锅中，以中火煮滚，加入水和砂糖，使其溶解。把水蜜桃放入锅中等到再次煮滚后，以小火煮 15 分钟左右。

4. 取出水蜜桃放凉，再放入密封的容器中或盖上保鲜膜，放入冰箱冷藏。

Tips

根据个人喜好，在享用时可加上薄荷叶为视觉、味觉加分。

营养档案

水蜜桃的果肉中富含蛋白质和维生素以及大量水分，具有养阴生津，补气润肺的保健作用。同时其含有丰富的铁和钾，可以增进食欲，帮助消化。

圆形铸铁焖炖锅
20cm

07 蛋烤长棍面包

鸡蛋加牛奶变成滑嫩的布丁，烤过的长棍带有酥脆的口感，加上新鲜的柳橙丁与优格，你一定会喜欢。

扫一扫二维码
跟视频做美食

材料(2人份)

柳橙汁	1 杯
柠檬汁	少许
细白糖	80 克
鲜奶油	100 克
玉米粉	2 小勺
水	2 小勺
牛奶	100 毫升
柳橙皮	1/2 个
长棍面包	1/2 条
鸡蛋	2 个
砂糖	40 克
糖粉	适量
无糖优格	适量
柳橙丁	适量

做法

1. 把鸡蛋、糖、牛奶和鲜奶油放进搅拌盆，用打蛋器搅拌均匀。

2. 长棍面包切成约2厘米大小的长棍放进盆中，浸泡约30分钟（泡软），浸泡期间要不时上下翻面。

3. 烤箱预热至180℃，大火热锅（约10秒），在煎盘上涂抹一层薄薄的黄油，放入浸泡的面包，放进预热至180℃的烤箱，烘烤20分钟。

4. 玉米粉和水混合，把柳橙汁、细白糖下锅加热，待白糖融化后加入小块黄油。

5. 加入混合好的材料，使酱汁变浓稠，加入柳橙皮，挤入柠檬汁，制成柳橙酱汁。

6. 柳橙去皮，剥出果肉备用。

7. 取出烤好的面包，淋上优格，撒上柳橙丁，淋柳橙酱汁，撒上糖粉即可。

营养档案

鸡蛋含有多种人体必需氨基酸，被喻为"生命的积木"，同时还含有多种维生素和矿物质以及降低胆固醇的卵磷脂等物质，既能补充能量又能很好的维持心血管健康。

铸铁煎烤锅
20cm

单柄铸铁迷你锅
9.5cm

08 荷兰松饼

这是家里没有松饼机的人必学的料理,而且烘焙的过程更加有趣,烘焙完点缀上新鲜水果与飞舞的糖粉。

扫一扫二维码
跟视频做美食

材料(2人份)

中筋面粉	约 125 克
鸡蛋	2 个
草莓	适量
黄油	2 大勺
牛奶	125 克
砂糖	1.5 大勺
糖粉	适量
盐	1/4 小勺

做法

1. 烤箱预热至 230℃,把黄油放在铁铸锅中,一起放进烤箱。

2. 用打蛋器将蛋与砂糖稍稍打发至有小泡泡。

3. 加入中筋面粉、牛奶、盐,搅拌均匀。

4. 把铁锅从烤箱中拿出来,刷上一层黄油,并将面糊迅速倒入锅中。

5. 轻轻晃动后再放入烤箱,以 230℃烤约 15 分钟至面糊膨起呈金黄色。

6. 烤好的松饼可以摆放草莓并撒上糖粉做装饰。

营养档案

面粉富含植物蛋白和多种微量元素,草莓富含维生素 C 和胡萝卜素,具有养肝明目的作用,除此之外,草莓还含有丰富的膳食纤维,可以帮助消化。

铸铁煎烤锅
20cm

09 法式洛林咸派

用铸铁锅来做早餐,只要稍微换一下食材,就会让你的味蕾收获不一样的味道。

扫一扫二维码
跟视频做美食

材料(2人份)

白洋葱	1/2 个
菠菜	1/2 束
培根	60 克
洋菇	4 朵
橄榄油	2 小匙
胡椒	少许
鸡蛋	1 个
鲜奶油	100 克
牛奶	30 克
盐	1/3 小匙
帕马森干酪	30 克

做法

1. 将培根切1厘米厚片、洋菇切薄片、菠菜切段、白洋葱切粗末,干酪刨丝备用。

2. 橄榄油倒入煎盘后以中火加热,培根下锅拌炒。

3. 加入洋菇、白洋葱,继续翻炒,直至炒软。

4. 再加入菠菜下锅翻炒,加入盐、胡椒调味后取出备用。

5. 将鸡蛋、鲜奶油、牛奶、盐、帕马森干酪倒入搅拌盆中,用打蛋器或匙羹混合均匀,制成酱料。

6. 烤箱预热至190℃,在煎盘上刷上一层薄薄的奶油,倒入炒好的内馅铺平,再加入酱料,烤30分钟即可。

Tips

可加入1/3小匙肉豆蔻添加香气。

营养档案

菠菜富含胡萝卜素和铁,也是维生素B_6、叶酸等的极佳来源,能改善缺铁性贫血,令人肌肤红润有光泽。

铸铁煎烤锅
20cm

10 蘑菇干酪帕尼尼

为吃腻了传统早餐而抱怨的你,还等什么?按着材料和步骤做出美味的帕尼尼来犒劳自己的胃吧!

扫一扫二维码
跟视频做美食

材料(1人份)

吐司	适量
番茄红酱	适量
橄榄油	适量
蘑菇	3朵
白洋葱	1/4个
黑胡椒	适量
马札瑞拉干酪片或巧达干酪片	2片
罗勒	适量

做法

1. 蘑菇洗净擦干切片,白洋葱切丝。

2. 在痕纹烤盘上抹上一层橄榄油,中小火热锅,分别将蘑菇、白洋葱炒香,撒上适量黑胡椒,取出备用。

3. 将面包切除边缘,夹入干酪、蘑菇、白洋葱、罗勒,最后淋上适量番茄红酱,稍微按压,用中小火煎烤。

4. 煎约2分钟后转90度换方向煎出格纹,再翻面重复煎出格纹。

5. 对角切开即完成。

营养档案

白蘑菇是唯一含有维生素D的蔬菜,对于骨质酥松和维生素D缺乏的人来说,不失为最佳食材,而干酪片则含有丰富的蛋白质,两者搭配能很好的补充能量,强筋壮骨。

煎锅
20cm

正方形带压肉器铸铁迷你煎锅
14cm

11 小松菜培根鸡蛋面包

小松菜培根鸡蛋面包,美味又可口,你还可以变换盘中的任何一项食物,是想要吃轻食时的最佳选择。

扫一扫二维码
跟视频做美食

材料(1人份)

水煮蛋	1个
小松菜	适量
培根	适量
面包	2片
橄榄油	少许
盐	适量
黑胡椒	适量

做法

1. 小松菜切段,培根切丝备用。

2. 在平底锅中热油,倒入培根拌炒至油脂出来,再倒入小松菜,加盐、黑胡椒拌炒,盛盘。

3. 面包用烤盘或平底锅煎至上色,对角切开。

4. 将小松菜、培根放到烤好的面包上,根据个人喜好撒上盐及胡椒粉调味。

5. 将水煮蛋剥壳切开,放入盘中。

营养档案

水煮蛋能很好的保存鸡蛋本身的营养不流失,培根含有丰富的蛋白质和少量的脂肪,搭配小松菜的膳食纤维,可以加速胃肠蠕动,帮助消化。

煎锅
20cm

方形铸铁牛扒盘
24cm

Part 6
旅行中的美食

　　走过的路,心会记得;吃过的美食,味蕾会记得。人都在不停地找寻,Emma 也和大多数人一样,喜欢旅行,喜欢独自一人自由地行走在这广袤的山河湖海中,看日出与夕阳,更喜欢在走走停停中收获幸福以及丰富味蕾的美食。

01 肉桂卷

第一次吃肉桂卷是在关岛,旅游书上说来关岛一定要吃商场里卖的肉桂卷。

扫一扫二维码
跟视频做美食

材料(4 人份)

肉桂粉······适量	牛奶······120 毫升
鸡蛋······2 个	盐······1/2 小勺
中筋面粉······250 克	奶油干酪······70 克
黑糖······适量	无盐奶油······20 克
粗砂糖······适量	砂糖······40 克
速发酵母······1 小勺	

做法

1. 面粉、盐、砂糖、鸡蛋依次加入碗中搅拌均匀,将酵母和微温的牛奶混合搅拌后,倒入面粉中,快速搅拌成团。把面团倒入盆中,开始揉面,直到面团不粘手为止,放入玻璃器皿中发酵40分钟。

2. 把发酵后的面团轻拍消气后,取出放在桌面上并均分为2个相同大小的面团,盖上保鲜膜,在桌面上静置10分钟,分别把面团擀成长方形,均匀撒上肉桂粉及黑糖,卷起后切成6~8小段。放入已抹上一层黄油的厚铸铁煎锅中,每卷间隔1厘米,再次发酵1.5~2小时,待面团膨胀至满锅。

3. 烤箱预热至180℃,把发酵好的面团表面涂上薄薄的蛋黄液,撒上粗砂糖,入烤箱烤18~20分钟,取出后放凉约10分钟,再抹上干酪糖霜即完成。

干酪糖霜制作方式:将奶油干酪、奶油均放回室温,用刮刀拌匀,并加入适量的糖搅拌均匀即完成。

营养档案

肉桂粉具有降低血糖和胆固醇的功效,并且能改善胰岛素功能,预防糖尿病的发生,同时奶油、鸡蛋、面粉三者搭配,能很好的补充能量。

铸铁煎烤锅
25cm

02 吉拿多

如同中式的豆浆配油条一样,吉拿多沾上香甜浓郁的热巧克力,那美妙的滋味令人回味。

扫一扫二维码
跟视频做美食

材料(2人份)

黄油	21克
砂糖	适量
牛奶	90克
盐	1克
低筋面粉	85克
全蛋液	50克
肉桂粉	适量

做法

1. 开小火将黄油融化后加入砂糖搅拌。

2. 待砂糖溶化后加入牛奶、盐,搅拌均匀,加热至有气泡产生。

3. 加入低筋面粉,打散后的全蛋液,搅拌均匀,制成面糊并装入裱花袋。

4. 油加热至180℃左右,转小火,一手挤面糊到合适长度后,另一手用筷子(或匙羹)夹断,并不断翻滚正在炸的面糊。

5. 直至膨胀变色后捞出,趁热撒上一层砂糖和肉桂粉即可。

营养档案

黄油的营养是奶制品之首,主要成分是脂肪、水分、胆固醇和脂溶性的维生素,加入牛奶、鸡蛋、低筋面粉,补充了黄油所缺失的蛋白质。

Tips

1. 面糊成倒钩状,就是用刮刀挑起面糊,面糊黏在刮刀上,面糊向下,有尖儿,但是不会滴落。
2. 炸的油温要注意小火,以免上色过深,油温太高,可暂时离火炸一下。
3. 炸的过程中,要和炸油条一样,不断翻面。

单柄带盖铸铁奶锅
18cm

03 红酒炖牛肉

一道经典的法国菜,起源于法国著名葡萄酒产区勃艮第,慢炖是法国人的料理方式,特别是在南法的葡萄酒产区。

扫一扫二维码
跟视频做美食

材料(2人份)

牛腱	400 克
西红柿	2 个
洋葱	2 个
土豆	1 个
西芹	1 根
胡萝卜	1～2 根
蘑菇	10 个
番茄红酱	1 大勺
百里香	适量
黑胡椒	适量
蒜	3 瓣
盐	适量
面粉	适量
高汤	适量
红酒	400 毫升
橄榄油	适量

做法

1. 牛肉洗净去膜整理后,擦干切大块,两面拍上面粉。

2. 洋葱、西芹、胡萝卜切滚刀块,蘑菇切厚片,土豆洗净去皮切块,西红柿洗净切大块,蒜拍碎切末,同时烤箱预热至 220℃。

3. 取锅加入适量橄榄油,以中火将两面煎至上色后取出备用。

4. 转中小火,将洋葱先炒软,再加入胡萝卜、西芹、蒜末,最后加入番茄红酱及西红柿块,炒至西红柿出水变软后,铺上牛肉,撒上面粉,送入烤箱烤 5 分钟。

5. 取出烤好的食材,倒入红酒、高汤,加入百里香、黑胡椒、土豆块,并以中火煮滚。

6. 送回烤箱以 150℃烤 2 小时,1 小时后打开放入蘑菇,搅拌均匀,烤完后取出再加盐调味即可。

营养档案

牛肉富含蛋白质和多种营养成分,红酒能加速血液循环,促进细胞新陈代谢,使人面色红润,红光焕发,还能有助睡眠。

南瓜形铸铁焖炖锅
20cm

04 南瓜浓汤

南瓜热量低,且含有丰富的胡萝卜素和 B 族维生素,有"蔬菜之王"的美称,也有降血糖和减肥的功效。

扫一扫二维码
跟视频做美食

材料(2 人份)

南瓜	1 个
白洋葱	1 个
培根	4 片
高汤	适量
大蒜	适量
鲜奶油	125 克

做法

1. 将南瓜去皮、切块、放入锅中蒸熟。

2. 白洋葱、大蒜切碎,培根切成 1 厘米长条状。

3. 开火,倒入培根,加入白洋葱和蒜末炒至金黄色。

4. 煮好的南瓜倒入锅中,加入高汤后稍微搅拌一下,用搅拌器将南瓜打碎。

5. 中小火煮 10 分钟至沸腾,起锅后加入鲜奶油,搅拌均匀即可。

营养档案

南瓜体内含有维生素和果胶,果胶有很好的黏附性,能有效地吸附体内细菌毒素和有害物质,同时还能保护胃肠黏膜,提高机体免疫力。

南瓜形铸铁焖炖锅
20cm

05 普罗旺斯炖菜

很喜欢《料理鼠王》(*Ratatouille*) 这部电影，里面的那道经典炖菜 Ratatouille 正是这部电影的英文名称。

扫一扫二维码
跟视频做美食

材料(3人份)

西红柿	2个
白洋葱	1个
绿栉瓜	1～2根
黄栉瓜	1根
茄子	1根
红甜椒	1个
番茄红酱	1大勺
橄榄油	1大勺
迷迭香	适量
黑胡椒	适量
盐	适量
月桂叶	1片
蒜	3瓣

做法

1 用刀在西红柿顶部画十字，放入热水中煮沸，捞出放进冷水。

2 栉瓜、茄子洗净切薄片，茄子切片放进盐水，西红柿去皮切块，甜椒去籽切丝或圈、蒜切末，烤箱预热至180℃。

3 锅里热橄榄油，中小火炒香蒜末、白洋葱，放入月桂叶、番茄红酱及西红柿块炒至成糊状（约10分钟），加入适量的盐及黑胡椒调味。

4 把黄、绿栉瓜及茄子片交互堆叠，整齐地摆放在锅里的白洋葱西红柿上；排好后再插入甜椒，淋上橄榄油，撒上适量迷迭香。

5 加盖送入烤箱以180℃烤30分钟，再开盖以200℃烤30～40分钟至蔬菜软化及微焦即可。

6 烤后先不要拿出，留置于烤箱里30分钟，取出以盐调味即完成。

营养档案

西红柿、绿栉瓜、黄栉瓜和茄子等都含有丰富的维生素和膳食纤维，能维持机体所需的各种维生素和帮主胃肠蠕动，减少毒素在体内堆积，增强血管的弹性，预防心血管疾病。

圆形铸铁焗炖锅
28cm

06 豌豆浓汤

豌豆因其清甜的味道与特有的香气,常常被拿来搭配各种食材,无论如何搭配都会让人眼睛为之一亮。

扫一扫二维码
跟视频做美食

材料(2人份)

豌豆	250 克
白洋葱	1/4 个
牛奶	150 毫升
奶油	2 大匙
水	300 毫升
盐	适量

做法

1 将豌豆洗净,留出 10 颗备用,白洋葱切片。

2 奶油入锅加热融化,小火拌炒白洋葱至变软后,在锅中倒入豌豆稍微拌炒。

3 往锅中加 200 毫升水,开中火烹煮。待煮沸后盖上锅盖,继续用小火烹煮约 10 分钟。

4 关火,再用搅拌机把锅里的食材打碎,接着加入 100 毫升的水用搅拌机继续打碎。

5 并开火加热,然后加入牛奶,调成自己喜欢的浓稠度。等到浓汤温热后,加盐调味并关火,盛盘,放上豌豆装饰即可。

营养档案

豌豆含有丰富的维生素 C 和能分解体内亚硝胺的酶,可以分解亚硝胺,具有防癌抗癌的作用。含有的赤霉素等物质,能抗菌消炎,增强新陈代谢。

单柄带盖铸铁奶锅
20cm

07 锅烤蒜香黄油鸡

用刀切开鸡肉的那一瞬间,鲜嫩多汁这四个字在我脑中盘旋,超好吃,我只能说赶快买个锅回家自己动手做吧!

扫一扫二维码
跟视频做美食

材料(2人份)

全鸡	1只
白洋葱	2个
蒜	6瓣
黄油	30克
盐	适量
黑胡椒	适量

做法

1 将洗净的整鸡用厨房纸内外吸干,往鸡身均匀淋撒1茶匙盐,鸡身内涂抹1/2茶匙盐,用保鲜膜包裹后冷藏4小时或隔夜。

2 烤箱预热200℃,大蒜切碎和黄油混合搅拌,白洋葱切成4块。

3 随后从冰箱取出冷藏腌制好的整鸡,在鸡身表面均匀涂抹蒜泥黄油酱。

4 最后淋撒上黑胡椒,把白洋葱填入鸡身内,鸡翅尖折向背部,随后将整鸡放入锅内,鸡胸向上,盖上锅盖送入烤箱,烘烤30分钟。

5 烘烤结束后移去锅盖,继续烘烤30分钟,等待表皮充分上色即可出烤箱,在锅内静置10分钟后即可享用。

营养档案

大蒜是很常用的调料,除了增加香味之外,其特有的大蒜素具有抗炎杀菌,抗衰老,降血脂等功效,经常食用大蒜还能起到抗癌防癌的作用。

椭圆形铸铁焖炖锅
29cm

08 米其林三星牛排

走过那么多的地方，在旅行中最常吃到的还是牛排。

扫一扫二维码
跟视频做美食

材料（1人份）

牛排	1块
橄榄油	适量
盐	适量
黑胡椒	适量

做法

1 将牛排两面撒满盐、黑胡椒，并抹上橄榄油静置5分钟。

2 烤箱预热200℃，同时烧热铸铁锅5分钟，至水珠滴下去会弹跳起来。

3 牛排两面各煎1分钟，牛排周围各煎10秒以锁住肉汁。

4 铁铸锅放入烤箱烤5分钟，5分熟烤5分钟、7分熟烤7分钟。

5 以铝箔纸完全包裹，静置5分钟即可。

营养档案

牛肉富含蛋白质，氨基酸组成比猪肉更加接近人体需要，能提高机体免疫力，有助于人体的生长发育，还能作为补品，强壮腰膝，健脾养胃。

方形铸铁牛扒盘
24cm

09 奶油蘑菇浓汤

欧洲人餐桌上必备的料理好帮手,可直接与橄榄油搭配当面包沾酱,或是搭配色拉,用来入菜也是非常好的选择。

扫一扫二维码
跟视频做美食

材料(2人份)

香菇	200 克
白蘑菇	100 克
蒜	5 瓣
百里香	3 枝
打发奶油	1.5 杯
高汤	2 杯
白洋葱	1 个
黄油	30 克
橄榄油	2 汤匙
红酒醋	2/3 杯
盐	适量
黑胡椒	适量
西芹	适量

做法

1. 将香菇、白蘑菇切成 1/4 块,蒜切碎,百里香取叶,白洋葱切丝,西芹切碎备用。

2. 在炖锅内预热橄榄油至中高温,放入香菇和白蘑菇,撒入一撮盐、研磨黑胡椒。

3. 翻炒数下使油脂均匀裹覆在菌菇表面,静置加热等待上色,不时拌炒。

4. 当菌菇水分蒸发并边缘出现焦糖色时,放入黄油、百里香、白洋葱和蒜,拌炒至白洋葱变为透明。

5. 加入红酒醋,搅拌均匀,直至红酒醋水分完全蒸发、气味由酸变甜后,向锅内加入鸡高汤,关盖转小火,微沸炖煮 15 分钟。

6. 使用搅拌机将蘑菇汤搅拌至顺滑,搅拌的同时加入奶油,装碗,撒上西芹碎即可。

营养档案

白蘑菇富含多种营养成分,其中所含的维生素 D 更是能防治骨质疏松,而奶油则是富含脂肪和蛋白质,能很好的补充机体所需的能量。

南瓜形铸铁焖炖锅
20cm

10 脆皮烤鸡

用烤盘烤的全鸡一般都是在感恩节那天被端上桌的，将柠檬汁挤在外皮上，和家人一起分享，收获感恩。

扫一扫二维码
跟视频做美食

材料(2人份)

全鸡	1 只
白洋葱	1 大个
柠檬	1 个
蜂蜜	1 大勺
香芹	1 根
大蒜	2 瓣
黄油	3 大勺
盐	1/2 小勺
黑胡椒	适量

做法

1. 把切碎的大蒜、香芹加入黄油搅拌均匀，白洋葱一半切丝一半切大块备用。

2. 烘焙纸以十字型摆放，平铺在烤盘或铸铁锅中。

3. 在铸铁锅中铺上一层白洋葱，摆上整鸡。

4. 把香料奶油涂抹在鸡皮和鸡肉之间，剩余的香料奶油涂在鸡皮表面。

5. 滚压柠檬，并用叉子在柠檬的表面扎洞，然后把白洋葱和柠檬塞入鸡腹。

6. 鸡腿用细绳绑起，撒上黑胡椒、盐，并按摩鸡肉。

7. 用烘焙纸仔细地把整鸡密封，烤箱预热220℃，放进烤箱烤40分钟。

8. 将烤鸡取出，将蜂蜜涂抹在鸡皮表面，再放入烤箱，以220℃烤20分钟即可。

营养档案

白洋葱能提高胃肠道的张力，增加消化道分泌作用，帮助食物消化，同时还具有杀菌抗癌的功效；柠檬富含维生素，具有提高视力、减缓疲劳的功效，加上气味清香，能够提神醒脑。

煎锅
20cm

11 生火腿芝麻比萨

用铸铁锅煎出来的比萨跟烤出来的比萨,多了一个"酥脆"的口感,这是平底锅所不能媲美的。

扫一扫二维码
跟视频做美食

材料(2人份)

比萨面团	1片
生火腿	3片
芝麻叶	适量
番茄酱汁	适量
马苏里拉干酪	30克
帕马森干酪	适量
特级初榨橄榄油	1.5~2大勺

做法

1. 将比萨面团擀开至可放入煎锅的大小。

2. 在煎锅里倒入橄榄油,开中火加热。放入准备好的比萨面团,以手指调整形状。

3. 一边摇晃煎锅一边煎煮,避免比萨底部焦糊。待煎出漂亮的金黄色后,关火,接着均匀涂上番茄酱汁,撒上马苏里拉干酪。

4. 盖上锅盖,再次开中火闷烧,直到干酪融化,放上芝麻叶、生火腿、帕马森干酪即可。

营养档案

生火腿富含蛋白质和脂肪,马苏里拉干酪则含有优质蛋白和众微量元素以及维生素等等多种营养成分,在保证口感的同时还能保证营养的足够供应。

煎锅
20cm

12 玛格丽特比萨

众所周知，比萨是欧洲餐桌上的主角，并有与汉堡包并驾齐驱之势。

扫一扫二维码
跟视频做美食

材料(2人份)

比萨面团	1片
番茄酱汁	适量
马苏里拉干酪	30克
帕马森干酪粉	适量
罗勒叶	适量
干牛至	少许
特级初榨橄榄油	1～2勺

做法

1. 将比萨面团擀开至可放入煎锅的大小。

2. 在煎锅里倒入橄榄油，开中火加热。放入准备好的比萨面团，以手指调整形状。

3. 一边摇晃煎锅一边煎煮，避免比萨底部焦糊。待煎出漂亮的金黄色后，关火。接着均匀涂上番茄酱汁，撒上马苏里拉干酪。

4. 盖上锅盖，再次开中火，焖烧至干酪融化为止。

5. 干酪融化后，撒上牛至、罗勒叶、帕马森干酪粉即可。

营养档案

番茄酱富含番茄红素和各种维生素，多食用能美容养颜，预防高血压和贫血，搭配披萨既能美观养眼，还能增加披萨的口感，味道更佳的丰富美味。

煎锅
20cm

145